职业教育“双高建设”规划教材
道路与桥梁工程技术专业群校企合作一体化教材

土力学与地基处理

主　编　李　晶　董丽艳　侯献语
副主编　刘　丽　车　媛　王力艳
　　　　贺　斌

本书立体化资源

黄河水利出版社
·郑州·

内 容 提 要

本教材内容分为两部分:第一部分为土力学,主要内容有土中的应力、土体的变形与地基沉降计算、土体的抗剪强度、土压力、土坡稳定分析、地基容许承载力的确定、土在动荷载下的力学性质等内容;第二部分为地基处理,主要内容为地基处理概论、地基处理方法等内容。另附录部分为土的力学性质试验,主要内容为固结试验、直接剪切试验、击实试验等内容。

图书在版编目(CIP)数据

土力学与地基处理/李晶,董丽艳,侯献语主编
.—郑州:黄河水利出版社,2024.2
ISBN 978-7-5509-3635-5

Ⅰ.①土… Ⅱ.①李… ②董…③侯… Ⅲ.①土力学
-高等职业教育-教材 ②地基处理-高等职业教育-教材
Ⅳ.①TU4

中国国家版本馆 CIP 数据核字(2023)第 138874 号

策划编辑:贾会珍 电话:0371-66028027 E-mail:110885539@ qq. com

责任编辑	岳晓娟	责任校对	杨秀英
封面设计	黄瑞宁	责任监制	常红昕
出版发行	黄河水利出版社		
	地址:河南省郑州市顺河路 49 号 邮政编码:450003		
	网址:www. yrcp. com E-mail:hhslcbs@ 126. com		
	发行部电话:0371-66020550		
承印单位	河南承创印务有限公司		
开　　本	787 mm×1 092 mm 1/16		
印　　张	10. 25		
字　　数	237 千字		
版次印次	2024 年 2 月第 1 版	2024 年 2 月第 1 次印刷	
定　　价	30. 00 元		

前 言

本教材为适应高职高专交通土建类专业基础课建设编写。从内容和难度上充分考虑高职高专学生的知识基础和专业要求,结合交通土建类专业的知识体系、人才培养方案要求,做到与专业核心课程相衔接,为基础工程、路基路面工程、桥梁工程、隧道工程等课程提供必要的专业基础知识,学生在掌握土中应力计算、地基土的变形特性、土的强度理论、地基处理技术等基本理论知识基础上,具备地基沉降计算、土压力计算、地基承载力确定、边坡稳定性分析、地基处理、土的力学试验等技能。

全书共分 10 个项目,由辽宁省交通高等专科学校的李晶、董丽艳、侯献语,辽宁地质工程职业学院贺斌共同编写. 具体分工:李晶负责编写项目一～项目五、项目七、附录,董丽艳负责编写项目六,侯献语负责编写项目八,贺斌负责编写项目九。

本书在编写过程中承蒙辽宁省交通高等专科学校道桥系和相关教学部门的领导及同仁的支持与协助,在此表示感谢!

由于时间仓促,本书会有不妥和疏漏之处,恳请读者批评指正。

编 者

2023 年 5 月

目 录

绪论

一、土的基本概念

土是由地壳表层的整体岩石经受风化作用后形成的。风化作用包括物理风化、化学风化和生物风化三种。风化作用使整体岩石破碎成分散体,其他矿物成分也可能发生变化,以及产生有机质的积聚。岩石风化后的产物还受到重力、流水、冰川和风等的挟带搬运,使土颗粒进一步破碎分散,并使得土颗粒变得浑圆。土在搬运过程中随之产生沉积过程,使土体具有不同的结构和构造。上述风化、搬运和沉积的过程是交错进行的,经历了很长的地质历史年代,每一个过程都对土的性质产生影响。因此,可以认为土是自然历史的产物。土的性质与成因有关,土的最大特征是它的分散性。

在工程建设中,土往往作为不同的研究对象。如在土层上修建房屋、桥梁、道路、堤坝时,土用来支承建筑物传来的荷载,这时土是被用作地基;路堤、土坝等土工构建筑物,土就是被用作建筑材料;此外,如隧道、涵洞及地下建筑等,土是作为建筑物周围的介质或环境。

土的主要特性是分散性、复杂性和易变性。土是由固体颗粒和孔隙组成的分散体系,土颗粒之间没有或只有很弱的联结,因此土的强度低,易变形。土的性质与成因有关,极易受到外界环境(温度、湿度)的变化而变化。

二、土力学、地基及基础的概念

(一)土力学

土力学就是利用力学的一般原理和土工测试技术,研究土的物理性质及在所受外力发生变化时土的应力,变形、强度、稳定性和渗透性及其规律的一门学科。土力学是力学的一个分支,但由于土具有复杂的工程特征,必须借助工程经验、原位试验、室内试验等多种专门的土工试验技术研究,所以说,土力学是一门强烈依赖于实践的科学。

(二)地基

由于建筑物的兴建,导致岩土体中某一范围原来的应力状态发生了变化,这部分由建筑物荷载引起应力变化的岩土体叫作地基。换句话讲,承受建筑物全部荷载的那部分岩土体叫作地基。地基又分持力层及下卧层两部分,直接与基础接触的岩土体叫作持力层,持力层下部的岩土体叫作下卧层。

地基可分为天然地基及人工地基两大类。天然地基是指在天然情况下不必经过人工加固就可满足建筑物要求的地基。人工地基是指在天然情况下不能满足建筑物要求,必须事先经过人工处理才能在它上面修建建筑物的地基。人工地基,可分为人工土基及桩基两种。

(三)基础

建筑物的基础也可叫作建筑物的下部结构,是指建筑物在地面以下的那一部分。它的作用是承受整个建筑物的重量及作用在建筑物上的所有荷载,并将它们传递给地基。因此,基础起着承上启下的作用。

基础按砌置深度(地面至基础底面的距离)可分为浅基础和深基础两大类。一般认为,砌置深度小于 5 m 者为浅基础,砌置深度大于 5 m 者为深基础。浅基础有单独基础、条形基础、筏片基础、箱形基础、大块基础和壳体基础等;深基础主要有沉井、沉箱、桩基础和地下连续墙等。在一般情况下,天然地基上的浅基础,往往是最为经济、设计时首先应争取采用的方案。深基础的造价高,施工复杂,一般在浅层地基的强度不够或基础荷载较大且较集中的情况下,需要把基础砌置在较深处的强度较高的硬层上,才采用深基础。

三、本学科的发展简介

土力学,始于 18 世纪兴起了工业革命的欧洲。1773 年,法国的库仑(Coulomh)发表了著名的砂土抗剪公式和土压力的滑楔理论。其后,英国的朗金(Rankine,1869)又从强度理论方面提出与之结果相同且能应用于黏性土的土压力理论。此外,法国的布辛奈斯克(Boussinesq,1885)得出了半无限弹性体在竖向集中力作用下的应力与变形的理论解答;法国的达西(Darcy,1856)通过水在砂土中的渗流试验,建立了达西定律;瑞典的费兰纽斯(Feelenius,1922)为解决铁路塌方等问题,提出了土坡稳定分析方法。这些古典的理论和方法,为土力学成为一门独立学科奠定了初步的理论基础。

1925 年,美国著名土力学家太沙基(Terzaghi)的《土力学》问世,使土力学成为一门独立的学科。1936 年,国际土力学和基础工程学会成立,并举行了第一次国际学术会议,以后每隔四年召开一次,至今已召开了数十次国际会议。每年还有若干次专题讨论会,提出了大量的论文和研究成果报告,使本学科得到了快速发展。特别是现代科技成就,尤其是电子技术渗入到了土力学基础工程的研究领域,使其在基本理论、计算方法、试验技术及设备等诸方面都得到了革命性的发展。基本理论方面,如岩土本构关系的研究,将各种应力-应变-时间的非线性模型应用于实际问题;在计算方法方面,广泛采用计算机,用数值计算方法,如有限元法、差分法等解决以往无法解决的复杂边界和初始条件及不均匀土层问题;在试验技术和设备方面,采用静三轴仪、动三轴仪、离心模型机、触探仪、旁压仪等,广泛用计算机程序控制试验过程,并自动采集和加工试验数据。

目前,土木工程建设的需要,特别是计算机技术和有限元法的应用,使基础工程理论和技术得以迅猛发展,新材料、新技术、新设备、新工艺不断涌现,出现了如补偿式基础、桩-筏基础、桩-箱基础等新基础形式。强夯法、砂井预压法、真空预压法、振冲法、旋喷法等都是近几十年创造和完善的地基处理方法。基坑支护技术也不断提高,出现了盾构、顶管、地下连续墙、深层搅拌水泥挡墙、杆支护结构形式。但是,由于基础工程是地下隐蔽工程,且地质条件极其复杂,随着高层结构的不断涌现,城市建筑的不断密集,会给基础工程提出新的挑战，同时也为基础工程的发展提供了新的机会。

四、本门课程主要涉及土力学及基础工程的主要内容及学习要求

（一）课程主要内容

（1）土的工程性质：主要介绍了土的组成和结构、土的物理性质指标及换算，土的毛细性、渗透性及土的稠度和塑性，土的工程分类等知识。

（2）土中应力计算：主要介绍了地基土的自重应力和建筑物荷载下的附加应力的计算方法。

（3）土体的变形和地基沉降计算：主要介绍了土体的压缩变形性和地基沉降的常用计算方法。

（4）土体的强度与稳定性：主要介绍了土体强度的概念、库仑定律、极限平衡理论，土压力的计算及土坡稳定分析等。

（5）土在动荷载下的力学性质：主要介绍了土的压实特性、土在动荷载下的力学性质、砂土液化的一般知识。

（6）地基处理：主要介绍地基处理方法及工程案例。

（7）土工试验指导：依据规范，介绍颗粒分析试验、土的密度试验、土的含水率试验、土的界限含水率试验、固结试验、直接剪切试验、三轴试验、击实试验等土工试验原理、步骤及结果处理方法等。

（二）课程基本要求

（1）掌握土的物理性质、物理性质指标的测定及计算方法。

（2）会计算地基土中自重应力和附加应力。

（3）掌握土的变形原理，会计算地基沉降量；掌握土体的强度理论，会分析土体的稳定性。

（4）掌握地基处理的一般方法。

（5）掌握土工试验的基本方法，会编写试验报告。

项目一 土中的应力

知识目标

1. 掌握土中应力的基本概念；
2. 掌握自重应力的计算方法及分布规律；
3. 掌握附加应力的计算方法及分布规律。

能力目标

1. 会计算地基中任意点的自重应力；
2. 会计算均布荷载、矩形基础底面下的地基中任一点的附加应力；
3. 会计算均布荷载、圆形基础底面下的地基中任一点的附加应力；
4. 会计算均布荷载、条形基础底面下的地基中任一点的附加应力；
5. 会计算三角形荷载、矩形基础底面下的地基中任一点的附加应力；
6. 会计算三角形荷载、条形基础底面下的地基中任一点的附加应力；
7. 运用土中应力计算解决实际工程问题。

思政目标

领会自重应力、附加应力理论应用在解决实际工程问题中的有效性，能够做到理论与实践相结合。

任务一 概 述

计算地基中的应力，在地基基础设计中是一个十分重要的问题。地基土体受到力的作用之后，要产生两种效应：一是产生垂向沉降与水平位移，这属于变形问题；二是土体是否发生破坏或失去稳定性，这属于强度问题。这两方面问题将在后续章节中进行论述，但产生这两方面问题的原因，都是土中应力，因此要研究土体的变形与强度，首先应了解土中的应力状态。

所谓应力，是指土中单位面积上所承受的力，单位为kPa或MPa。地基中的应力按其产生的原因不同，分为自重应力、附加应力、渗透压力和构造应力等。本章只介绍主要的两种应力，即自重应力和附加应力。由土的自重在地基内所产生的应力称为自重应力；由建筑物的荷载或其他外载(如车辆、堆放在地面的材料重量等)在地基内所产生的应力称为附加应力。对于形成年代比较久的土,由于在自重应力作用下,其变形已经稳定,因此除新填土外,土的自重应力不再引起地基的变形。而附加应力则不同,因为它是地基中新增加的应力,将引起地基的变形,所以附加应力是引起地基变形的主要原因。

在计算土中应力时,一般假定地基为半无限空间直线变形体,应用弹性理论公式求解地基中的应力。其所引起的误差不会超过工程所许可的范围,因此目前工程界计算土中应力都是以弹性理论为依据的。

下面分别讨论土的自重应力和附加应力的确定方法。采用应力叠加原理,将两者叠加即可得到土中的总应力。

任务二　自重应力

在计算地基中的自重应力时,将地基土体作为半无限空间体,由半无限空间的边界条件可知,其内部任一与地面平行或垂直的平面上,仅作用着垂直应力 σ_{cz} 和水平应力 $\sigma_{cx}=\sigma_{cy}$,而剪应力 $\tau=0$。现研究由于土的自重在水平面和竖直面上产生的法向应力的计算。

码 1-1　自重应力计算

一、均匀地基

设地基土为均质土层,土体的天然重度为 γ,则在地面以下任意深度 z 处水平面上的垂直自重应力 σ_{cz},可取某一面积 A 以上的土柱来进行分析,此时:

$$\sigma_{cz}=\frac{G}{A}=\frac{\gamma zA}{A}=\gamma z \tag{1-1}$$

式中　σ_{cz}——z 深处的自重应力,kN/m^2;

G——面积 A 上高为 z 的土柱的重量,kN;

A——土柱底面积,m^2。

由式(1-1)可知,均质土的自重应力与深度 z 成正比,即随深度按直线分布[见图 1-1(a)],而沿水平面上则均匀分布。

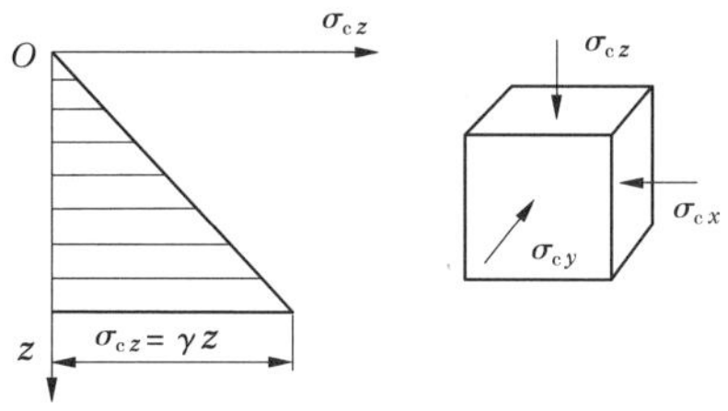

(a)沿深度分布　　(b)水平力

图 1-1　土中自重应力

地基中除作用在水平面上的竖向自重应力外,在竖直平面上还作用有水平自重应力[见图 1-1(b)]。

$$\sigma_{cx}=\sigma_{cy}=k_0\sigma_{cz}=k_0\gamma z \tag{1-2}$$

式中 σ_{cx}、σ_{cy} ——沿 x 轴和 y 轴方向的水平自重应力；

k_0——侧压力系数，$k_0=\dfrac{\mu}{1-\mu}$（μ 为土的泊松比，见表 1-1）。

表 1-1　土的泊松比参考值

土的种类与状态		μ
碎石土		0.15~0.20
砂土		0.20~0.25
粉土		0.25
粉质黏土	坚硬状态	0.25
	可塑状态	0.30
	软塑及流塑状态	0.35
黏土	坚硬状态	0.25
	可塑状态	0.35
	软塑及流塑状态	0.42

二、成层地基土

以图 1-2 为例，因为地基是由不同重度的土层构成的，所以需要分层来计算。每一土层内部，自重应力呈直线形分布，所以只需要计算每一土层上下边界处的自重应力，然后叠加即可，即第 n 层土中任一点处土的自重应力公式可表达为

$$\sigma_{cz}=\gamma_1 z_1+\gamma_2 z_2+\cdots+\gamma_n z_n=\sum_{i=1}^{n}\gamma_i z_i \tag{1-3}$$

式中 γ_i ——第 i 层土的重度；

z_i——第 i 土层的厚度。

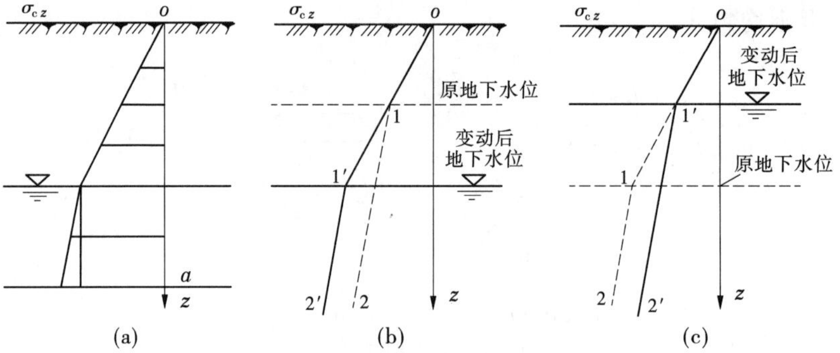

o—1—2—原来自重应力的分布；o—1′—2′—地下水位变动后自重应力的分布。

图 1-2　土层有地下水时自重应力

三、土层中有地下水

一般情况下，当计算点在地下水位以下时，由于地下水对土粒的浮力作用使土的重度减小，计算土的竖向自重应力时，水下采用土的有效重度，即浮重度。但若地下水位以下埋藏有不透水层时，由于不透水层不存在水的浮力，故土的竖向自重应力应按上覆土层的水土总重计算。本书在自重应力计算时，只考虑地下水对土粒产生浮力作用的一般情况。

如图 1-2 所示，a 点的自重应力为

$$\sigma_{cz} = \gamma_1 z_1 + \gamma'_1 z_2$$

从图 1-2 中可以看出，自重应力的分布在地下水面处也出现转折。尚需指出的是，大量抽取地下水，会使地下水位大幅度下降，从而引起地基土中自重应力的变化，造成地表的大面积下沉。

分析土的自重应力分布曲线的变化规律，可以得出下面几点结论：

(1)同一土层中的自重应力按直线变化；

(2)不同土层中自重应力分布曲线是一条折线，转折点出现在土层交界处、地下水位处(原因是土的重度改变，变成有效重度)；

(3)自重应力随深度的增加而增大。

【例 1-1】 图 1-3 为某地层剖面图，土层厚度和各层土的重度如图 1-3 所示，试绘出土的自重应力分布曲线。

解：地面 o 点处自重应力为 0，

a 点处：$\sigma_{cz,a} = \gamma_1 \cdot z_1 = 19 \times 2 = 38(\text{kPa})$

b 点处：$\sigma_{cz,b} = \gamma_1 \cdot z_1 + \gamma_2 \cdot z_2 = 19 \times 2 + 18 \times 4 = 110(\text{kPa})$

c 点处：$\sigma_{cz,c} = \gamma_1 \cdot z_1 + \gamma_2 \cdot z_2 + \gamma'_3 \cdot z_3 = 19 \times 2 + 18 \times 4 + (21 - 10) \times 3$

$= 143(\text{kPa})$

土的自重应力分布曲线如图 1-3 所示。

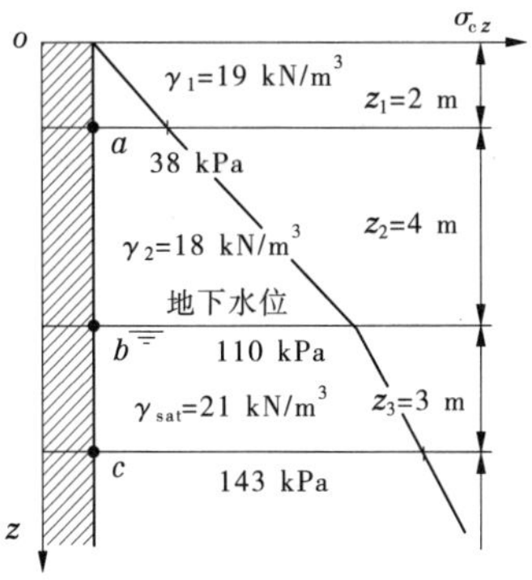

图 1-3　成层土自重应力

任务三　附加应力

为计算上部荷载在地基土层中引起的附加应力,必须首先研究基础底面处(地基土持力层顶面处)基础作用在地基上的压力情况。

码 1-2　附加应力

一、基底压力

建筑物载荷重是通过建筑物基础底面传给地基的,基础底面与地基之间的法向压力,称为基底压力。它主要用于计算地基中的附加应力。影响基底压力分布和大小的因素很多,除与基础所受荷载大小及基础的形状、尺寸和埋深有关外,还与基础本身与地基土的相对刚度及地基土的性质等有关。

基底压力分布见图 1-4。

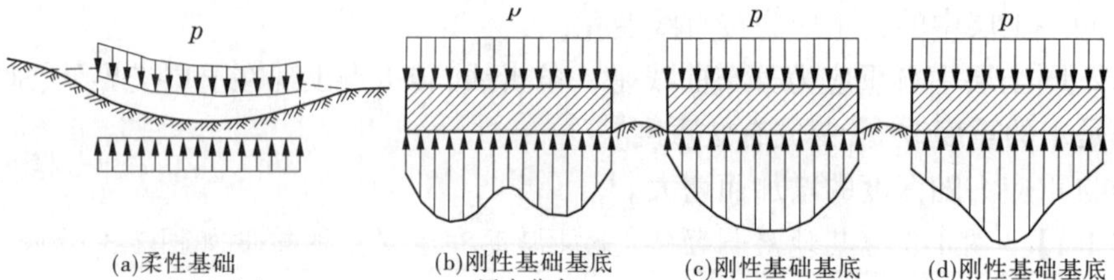

图 1-4　基底压力分布图

因此,基底压力计算是一个很复杂的问题。在实际应用中,可以根据实际情况,对基底压力进行一些简化计算。许多经验证明,只要简化合理,计算出的结果可以满足工程精度要求。下面介绍几种简化计算方法。

(一)中心荷载作用下的基底压力

当垂直荷载作用在基础中心轴线时,基底压力为均匀分布(见图 1-5),可按下式计算:

$$p = \frac{N + G}{F} \tag{1-4}$$

式中　p——基础底面的平均压力,kPa;

N——上部结构传至基础顶面的荷载,kN;

G——基础自重和基础上的土重,kN;

F——基础底面面积,m^2。

如果基础为条形(长度大于宽度的 10 倍),则沿长度方向取 1 m 来计算,即计算单位长度的基底压力。

(二)偏心荷载作用下的基底压力

设荷载的作用线与基础中心线的距离为 e,距离 e 称为荷载的偏心距(见图 1-6),在这种情况下,基础底面的应力按下式计算:

$$p_{\substack{max\\min}} = \frac{N + G}{F}\left(1 \pm \frac{6e}{b}\right) \tag{1-5}$$

当 $e<\frac{b}{6}$ 时,基底压力分布图为梯形[见图 1-6(a)];当 $e=\frac{b}{6}$ 时,基底压力分布图为三角形[见图 1-6(b)];当 $e>\frac{b}{6}$ 时,$p_{min}<0$,表示基底一侧出现拉应力[见图 1-6(c)],此时基底压力将重分布。

一般情况下,工程上不允许基底出现拉应力。因此,在设计基础尺寸时,应满足 $e\leqslant\frac{b}{6}$ 的条件,以保证安全。

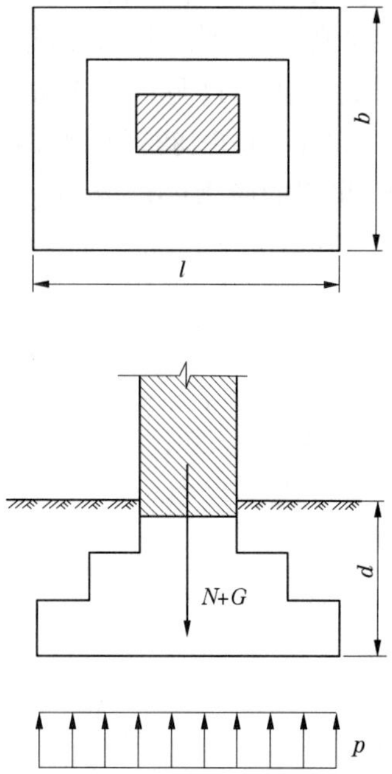

图 1-5　中心受压基础

二、基底附加压力

上部结构通过基础传来的荷载,作用于地基土体上,使地基土体受到了附加应力的作用,当基础位于地面上,即埋置深度为零时,基底附加压力即为基底压力;当基础埋深为 d 时,基底附加压力为

$$p_0=p-\gamma d \tag{1-6}$$

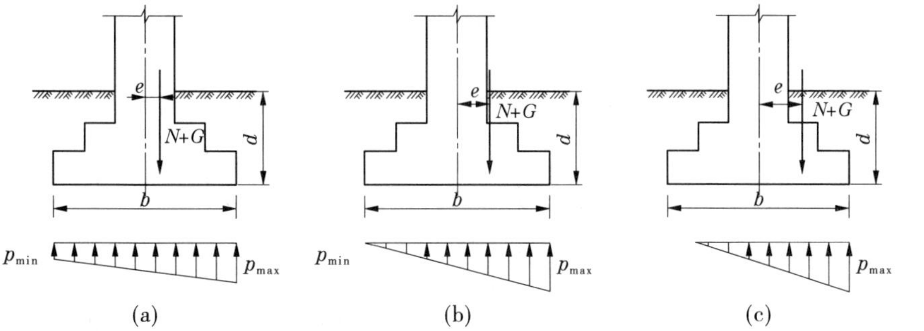

图 1-6　偏心受压基础

式中　p_0——基底附加压力,kPa;

p——基底压力,kPa;

γ——基础底面以上土的重度,kN/m^3。

三、附加应力的计算

地基中的附加应力计算比较复杂,目前在确定地基中附加应力时,一般将地基看作是均质、各向同性的半无限空间直线变形体,这样可直接采用弹性力学中的关于半无限空间体在外力作用下的应力和应变的理论解答。下面简要介绍几种情况下的附加应力计算。

(一)竖向集中荷载下地基中的应力

在地基表面作用有竖向集中荷载 Q 时,在地基内任意点 $M(r,\theta,z)$(见图 1-7)的应力分量及位移分量已由布辛奈斯克在 1885 年用弹性理论求得,我们可直接应用,全部的应力($\sigma_x,\sigma_y,\sigma_z,\tau_{xy},\tau_{yz},\tau_{zx}$)和位移($u_x$, u_y,u_z)共有 9 项。

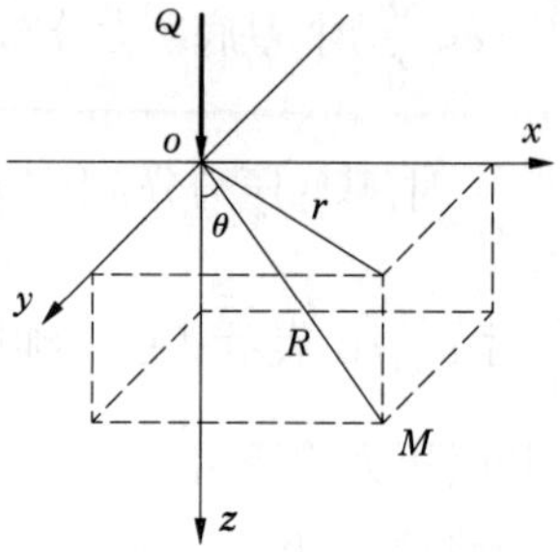

图 1-7　集中荷载作用

$$\sigma_x=\frac{3Q}{2\pi}\left\{\frac{x^2z}{R^3}+\frac{1-2\mu}{3}\left[\frac{R^2-Rz-z^2}{R^3(R+z)}-\frac{x^2(2R+z)}{R^3(R+z)^2}\right]\right\}$$

$$\sigma_y=\frac{3Q}{2\pi}\left\{\frac{x^2z}{R^3}+\frac{1-2\mu}{3}\left[\frac{R^2-Rz-z^2}{R^3(R+z)}-\frac{y^2(2R+z)}{R^3(R+z)^2}\right]\right\}$$

$$\sigma_z=\frac{3Qz^3}{2\pi R^5}=\frac{3Q}{2\pi z^2}\frac{1}{\left[1+\left(\frac{r}{z}\right)^2\right]^{\frac{5}{2}}}$$

$$\tau_{xy}=\tau_{yx}=\frac{3Q}{2\pi}\left[\frac{xyz}{R^5}-\frac{(1-2\mu)xy(2R+z)}{3R^3(R+z)^2}\right]$$

$$\tau_{yz}=\tau_{zy}=\frac{3Qyz^2}{2\pi R^5}=\frac{3Qy}{2\pi R^5}\cos^2\theta$$

$$\tau_{zx}=\tau_{xz}=\frac{3Qxz^2}{2\pi R^5}=\frac{3Qx}{2\pi R^5}\cos^2\theta$$

$$u_x=\frac{Q(1+\mu)}{2\pi E}\left[\frac{xz}{R^3}-(1-2\mu)\frac{x}{R(R+z)}\right]$$

$$u_y=\frac{Q(1+\mu)}{2\pi E}\left[\frac{yz}{R^3}-(1-2\mu)\frac{y}{R(R+z)}\right]$$

$$u_z=\frac{Q(1+\mu)}{2\pi E}\left[\frac{z^2}{R^3}+(1-2\mu)\frac{1}{R}\right]$$

在这些量中,对工程有直接意义的是竖向正应力及竖向位移的计算,即

$$\sigma_z=\frac{3Qz^3}{2\pi R^5}=\frac{3Q}{2\pi z^2}\frac{1}{\left[1+\left(\frac{r}{z}\right)^2\right]^{\frac{5}{2}}} \tag{1-7}$$

$$u_z=\frac{Q(1-\mu^2)}{\pi Er} \tag{1-8}$$

式中　Q——作用在坐标原点 o 的竖向集中荷载,kN;

z——M 点的深度,m;

r——M 点与集中荷载作用线之间的水平距离,$r=\sqrt{x^2+y^2}$,m;

R——M 点与坐标原点的距离,$R=\sqrt{x^2+y^2+z^2}$,m;

μ——土的泊松比;

E——土的变形模量,MPa。

由式(1-7)可知：

(1)在集中力作用线上，附加应力随深度的增加而减小，如图 1-8(a)所示。

(2)在与集中力作用线相距 r 地表处的附加应力为零，随着深度增加而增大，但到一定深度以后，它又随着深度的增加而减小，如图 1-8(b)所示。

(3)在同一深度平面上，附加应力 σ_z 将随着 r 的增大而减小，如图 1-8(c)所示。

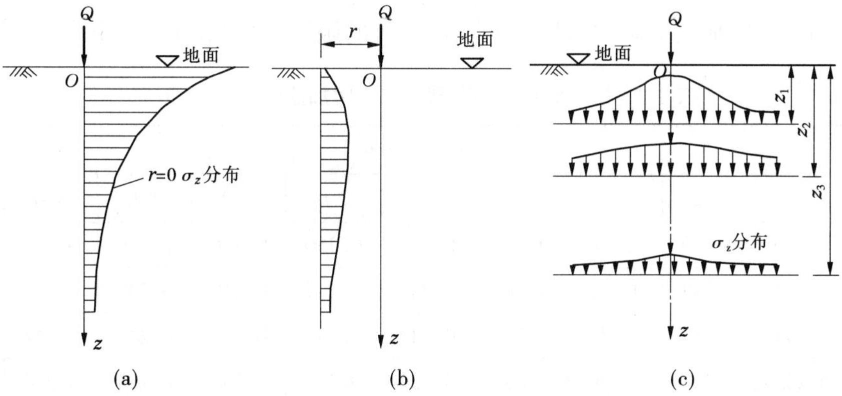

图 1-8　集中荷载作用下附加应力变化曲线

(二)分布荷载作用下地基中的附加应力

矩形基础是很常见的基础形式，在中心荷载作用下，基底压力按均布荷载计算。此时，地基中的应力可根据地表受竖向集中力作用的公式(1-7)，通过积分求得。

1. 矩形均布荷载角点下的应力

如图 1-9 所示，某一基础形状为 $b\times l$，基底附加应力为均布荷载 p_0，任意角点下 z 深度 M 点处的竖向应力计算过程：在基础面积内，任取一微面积 $\mathrm{d}x\mathrm{d}y$，在此微面积上作用的力为 $\mathrm{d}p$，可视为集中力，$\mathrm{d}p=p_0\cdot\mathrm{d}x\mathrm{d}y$，根据式(1-7)，$\mathrm{d}p$ 在 M 点引起的应力，经简化可得：

$$\mathrm{d}\sigma_z=\frac{3p_0\cdot\mathrm{d}x\mathrm{d}y\cdot z^3}{2\pi(x^2+y^2+z^2)^{\frac{5}{2}}}$$

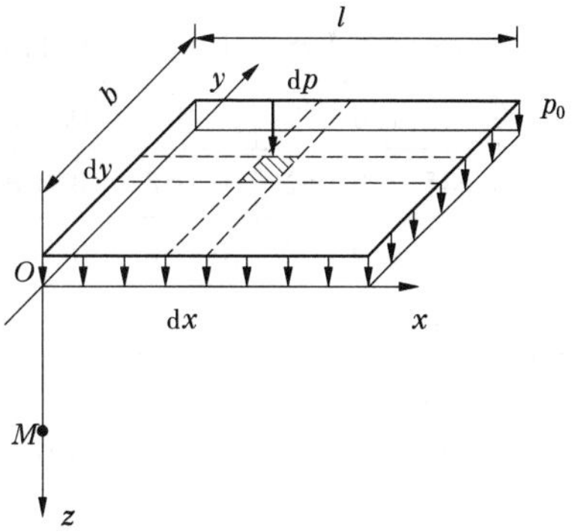

图 1-9　矩形面积均布荷载

全部基础范围内的均布荷载 p_0 在地基中 M 点所引起的附加应力 σ_z，可通过积分求得：

$$\sigma_z=\frac{3p_0z^3}{2\pi}\int_0^l\int_0^b\frac{\mathrm{d}x\mathrm{d}y}{(x^2+y^2+z^2)^{\frac{5}{2}}}$$

$$=\frac{1}{2\pi}\left[\arctan\frac{m}{n\sqrt{1+m^2+n^2}}+\frac{mn}{\sqrt{1+m^2+n^2}}\times\left(\frac{1}{m^2+n^2}+\frac{1}{1+n^2}\right)\right]p_0$$

式中，$m=\frac{l}{b}, n=\frac{z}{b}$。为计算方便，可设：

$$\alpha_0=\frac{1}{2\pi}\left[\arctan\frac{m}{n\sqrt{1+m^2+n^2}}+\frac{mn}{\sqrt{1+m^2+n^2}}\times\left(\frac{1}{m^2+n^2}+\frac{1}{1+n^2}\right)\right]$$

则

$$\sigma_z=\alpha_0 p_0 \tag{1-9}$$

式中，α_0 为附加应力系数，是 $m=\frac{l}{b}, n=\frac{z}{b}$ 的函数，可由表 1-2 查得。

表 1-2　矩形面积均布荷载角点下附加应力系数 α_0 值

z/b	l/b									
	1.0	1.2	1.4	1.6	1.8	2.0	3.0	4.0	5.0	10
0	0.250	0.250	0.250	0.250	0.250	0.250	0.250	0.250	0.250	0.250
0.2	0.249	0.249	0.249	0.249	0.249	0.249	0.249	0.249	0.249	0.249
0.4	0.240	0.242	0.243	0.243	0.244	0.244	0.244	0.244	0.244	0.244
0.6	0.223	0.228	0.230	0.232	0.232	0.233	0.234	0.234	0.234	0.234
0.8	0.200	0.208	0.212	0.215	0.217	0.218	0.220	0.220	0.220	0.220
1.0	0.175	0.185	0.191	0.196	0.198	0.200	0.203	0.204	0.204	0.205
1.2	0.152	0.163	0.171	0.176	0.179	0.182	0.187	0.188	0.189	0.189
1.4	0.131	0.142	0.151	0.157	0.161	0.164	0.171	0.173	0.174	0.174
1.6	0.112	0.124	0.133	0.140	0.145	0.148	0.157	0.159	0.160	0.160
1.8	0.097	0.108	0.117	0.124	0.129	0.133	0.143	0.146	0.147	0.148
2.0	0.084	0.095	0.103	0.110	0,116	0.120	0.131	0.135	0.136	0.137
2.5	0.060	0.069	0.077	0.083	0.089	0.093	0.106	0.111	0.114	0.115
3.0	0.045	0.052	0.058	0.064	0.069	0.073	0.087	0.093	0.096	0.099
4.0	0.027	0.032	0.036	0.040	0.044	0.048	0.060	0.067	0.071	0.076
5.0	0.018	0.021	0.024	0.027	0.030	0.033	0.044	0.050	0.055	0.061
7.0	0.010	0.011	0.013	0.015	0.016	0.018	0.025	0.031	0.035	0.043
8.0	0.007	0.009	0.010	0.011	0.013	0.014	0.020	0.025	0.028	0.037
9.0	0.006	0.007	0.008	0.009	0.010	0.011	0.016	0.020	0.024	0.032
10.0	0.005	0.006	0.007	0.007	0.008	0.009	0.013	0.017	0.020	0.028

注：l 为长边，b 为短边。

对于非角点（荷载作用面内、外任意一点）下地基中的应力，可用角点法（叠加原理）求得。具体做法是：先通过计算点作平行于矩形面各边的辅助线，从而将荷载面划分成几个矩形，这样计算点便成了几个矩形的公共角点，然后分别求得各矩形荷载在此公共角点下的附加应力，叠加后便得到整个荷载作用下的附加应力 σ_z。在划分新矩形时，计算点必须是各矩形的公共角点，各新矩形的长边为 l、短边为 b。

【例 1-2】 一矩形面积地基，长 2.0 m，宽 1.0 m，其上作用有均布荷载 $p=100$ kPa，如图 1-10 所示，计算此矩形面积的角点 A、边点 E、中点 O，以及矩形面积外 F 点和 G 点下，深度为 $z=1.0$ m 处的附加应力。并利用计算的结果说明附加应力的扩散规律。

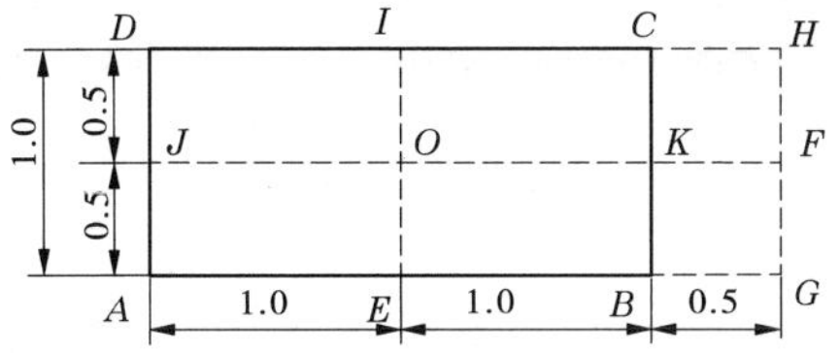

图 1-10　角点法计算简图　（单位：m）

解：此时 $p_0=p$

1. A 点下的附加应力 $\sigma_{z,A}$

由 $l/b=2.0/1.0=2.0$，$z/b=1.0/1.0=1.0$，查表 1-2，附加应力系数为 0.200，所求的应力为

$$\sigma_{z,A}=\alpha_0 p=0.200\times 100=20(\text{kPa})$$

2. E 点下的附加应力 $\sigma_{z,E}$

矩形 $ABCD$=矩形 $EIDA$+矩形 $EBCI$，在矩形 $EIDA$ 中，由 $l/b=1.0$，$z/b=1.0$，查表 1-2，附加应力系数为 0.175，所求的应力为

$$\sigma_{z,E}=\alpha_0 p=2\times 0.175\times 100=35(\text{kPa})$$

3. O 点下的附加应力 $\sigma_{z,O}$

在小矩形 $OEAJ$ 中：$l/b=1.0/0.5=2.0$，$z/b=1.0/0.5=2.0$，查表 1-2，附加应力系数为 0.120，所求的应力为

$$\sigma_{z,O}=\alpha_0 p=4\times 0.120\times 100=48(\text{kPa})$$

4. F 点下的附加应力 $\sigma_{z,F}$

在长矩形 $FGAJ$ 中，$l/b=2.5/0.5=5.0$，$z/b=1.0/0.5=2.0$，查表 1-2，附加应力系数为 0.136。

又在小矩形 $FGBK$ 中，$l/b=0.5/0.5=1.0$，$z/b=1.0/0.5=2.0$，查表 1-2，附加应力系数为 0.084。则所求的应力为

$$\sigma_{z,F}=2\times 0.136\times 100-2\times 0.084\times 100=10.4(\text{kPa})$$

5. G 点下的附加应力 $\sigma_{z,G}$

在矩形 $GADH$ 中，$l/b=2.5/1.0=2.5$，$z/b=1.0/1.0=1.0$，查表 1-2，附加应力系数为 0.201 5，又在小矩形 $GBCH$ 中，$l/b=1.0/0.5=2.0$，$z/b=1.0/0.5=2.0$，查表 1-2，附加应力系数为 0.120。则所求的应力为

$$\sigma_{z,G}=0.201\,5\times 100-0.120\times 100=8.15(\text{kPa})$$

同样的方法，可求得任意位置、任意深度处的附加应力值。

根据计算进行分析，按一定比例绘制附加应力变化图，如图 1-11 所示，我们可见土中附加应力扩散的特点是：不仅在受荷面积内产生附加应力，在一定范围以外也将产生附加应力。

(1)在地基的同一深度处,附加应力从中点向周围减小[见图 1-11(a)];

(2)随深度的增加,附加应力减小[见图 1-11(b)]。

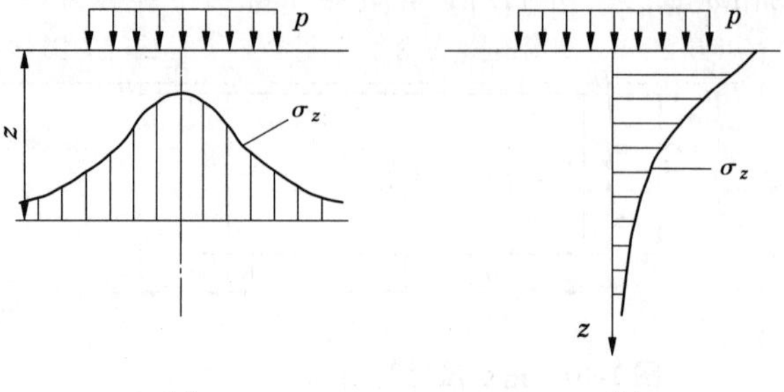

图 1-11　附加应力分布

2. 矩形基础受三角形荷载作用时角点下的竖向附加应力

矩形基础底面三角形分布压力的最大值如图 1-12 所示,为了计算荷载强度为零的角点 C_1 下任一深度 z 处 $M(0,0,z)$ 点的应力 σ_z 值,可取微元面积 $dA=dxdy$,作用于微小面积上的分布荷载可以用集中力 dF 表示,$dF=\frac{x\cdot p_t}{b}dxdy$,这时 M 点的竖向附加应力 σ_z 可由下式求得:

$$\sigma_z=\int_0^l\int_0^b\frac{3p_t}{2\pi b}\frac{xz^3dxdy}{(\sqrt{x^2+y^2+z^2})^5}$$
$$=\frac{mn}{2\pi}\left[\frac{1}{\sqrt{m^2+n^2}}-\frac{1}{(1+n^2)\sqrt{1+m^2+n^2}}\right]p_t=\alpha_{t1}p_t$$

式中　α_{t1}——矩形基础受三角形荷载作用时角点 C_1 下的竖向附加应力分布系数,按 $m=\frac{l}{b}$ 与 $n=\frac{z}{b}$,可由表 1-3 查得。

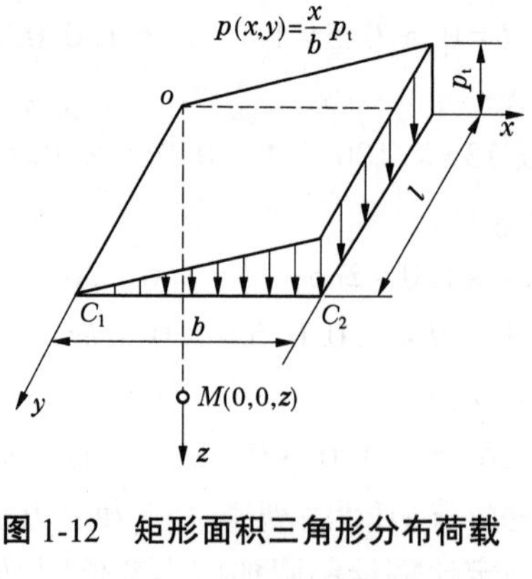

图 1-12　矩形面积三角形分布荷载

同理,可求得荷载强度为 p_t 的角点 C_2 下任一深度 z 处 $M(0,0,z)$ 点的应力 σ_z 值:

$$\sigma_z=a_{t2}p_t$$

式中　a_{t2}——矩形基础受三角形荷载作用时角点 C_2 下的竖向附加应力分布系数,按 $m=\frac{l}{b}$ 与 $n=\frac{z}{b}$ 由表 1-3 查得。

表 1-3　矩形面积受三角形分布荷载作用角点下附加应力系数 α 值

z/b	l/b									
	0.2	0.4	0.6	0.8	1.0	1.2	1.4	1.6	1.8	2.0
0	0	0	0	0	0	0	0	0	0	0
0.2	0.022 3	0.028 0	0.029 6	0.030 1	0.030 4	0.030 5	0.030 5	0.030 6	0.030 6	0.030 6
0.4	0.026 9	0.042 0	0.048 7	0.051 7	0.053 1	0.053 9	0.054 3	0.054 5	0.054 6	0.054 7
0.6	0.025 9	0.044 8	0.056 0	0.062 1	0.065 4	0.067 3	0.068 4	0.069 0	0.069 4	0.069 6
0.8	0.023 2	0.042 1	0.055 3	0.063 7	0.068 8	0.072 0	0.073 9	0.075 1	0.075 9	0.076 4
1.0	0.020 1	0.037 5	0.050 8	0.060 2	0.066 6	0.070 8	0.073 5	0.075 3	0.076 6	0.077 4
1.2	0.017 1	0.032 4	0.045 0	0.054 6	0.061 5	0.066 4	0.069 8	0.072 1	0.073 8	0.074 9
1.4	0.014 5	0.027 8	0.039 2	0.048 3	0.055 4	0.060 6	0.064 4	0.067 2	0.069 2	0.070 7
1.6	0.012 3	0.023 8	0.033 9	0.042 4	0.049 2	0.054 5	0.058 6	0.061 6	0.063 9	0.065 6
1.8	0.010 5	0.020 4	0.029 4	0.037 1	0.043 5	0.048 7	0.052 8	0.056 0	0.058 5	0.060 4
2.0	0.009 0	0.017 6	0.025 5	0.032 4	0.038 4	0.043 4	0.047 4	0.050 7	0.053 3	0.055 3
5.0	0.001 8	0.003 6	0.005 4	0.007 1	0.008 8	0.010 4	0.012 0	0.013 5	0.014 8	0.016 1
10.0	0.000 5	0.000 9	0.001 4	0.001 9	0.002 3	0.002 8	0.003 3	0.003 7	0.004 1	0.004 6

在基底范围内或范围外任意点下的竖向附加应力仍可应用角点法和叠加原理进行计算,需要注意的是,b 值不是指基础的宽度,而是指三角形荷载变化方向的基底尺寸,见图 1-12。

【例 1-3】 有一 3.0 m×5.0 m 的矩形基础,受三角形分布荷载作用,荷载强度 p_t = 300 kPa, 如图 1-13(a)所示,计算在矩形面积内 o 点下深度 z=3 m 处 M 点的竖向附加应力 σ_z 值。

解:首先,通过 o 点,将矩形面积分成四小块,假定其上作用有均布荷载 p,见图 1-13(c),由此可见,三角形荷载 ABC 可分解为:三角形荷载(ABC)= 均布荷载($DEBA$)−三角形荷载 (AFD)+三角形荷载(CEF)。

(1)均布荷载($DEBA$)作用下 M 点竖向附加应力 σ_{z1} 为

$$\sigma_{z1}=\sigma_{z(ahoe)}+\sigma_{z(eofb)}+\sigma_{z(hdgo)}+\sigma_{z(ogcf)}$$
$$=100\times(0.045+0.093+0.073+0.156)=36.70(\text{kPa})$$

(2)三角形荷载(AFD)作用下 M 点的附加应力 σ_{z2} 为

$$\sigma_{z2}=\sigma_{z(ahoe)}+\sigma_{z(eofb)}$$
$$=100\times(0.021\,4+0.044\,9)=6.63(\text{kPa})$$

(3)三角形荷载(CFE)作用下 M 点的附加应力 σ_{z3} 为

$$\sigma_{z3}=\sigma_{z(hdgo)}+\sigma_{z(ogcf)}$$
$$=200\times(0.0312+0.0682)=19.88(\text{kPa})$$

(4)三角形荷载(ABC)作用下 M 点的附加应力 σ_z 为

$$\sigma_z=\sigma_{z1}-\sigma_{z2}+\sigma_{z3}=36.70-6.63+19.88=49.95(\text{kPa})$$

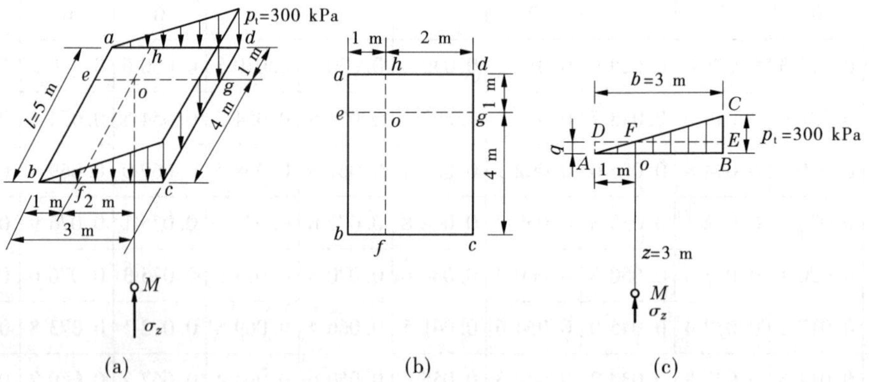

图 1-13　例 1-3 图

(三)平面问题的地基附加应力

1. 竖直线荷载作用下的附加应力

作用在半无限体表面上一条无限长直线上的均布荷载,简称线荷载,是长条形荷载面仅在微小宽度内受均布荷载的一种特殊情况,如图 1-14 所示。

设竖向线荷载 $\overline{F}$ 作用于 y 轴上,沿 y 轴取一微段 dy,其分布荷载以集中力 $d\overline{F}=\overline{F}dy$ 表示,便可利用布森涅斯克公式求得地基中任一深度处的附加应力,即弗拉曼(Flament)解答:

$$\sigma_z=\frac{2\overline{F}}{\pi R_1}\cos^3\theta_1=\frac{2\overline{F}z^3}{\pi(x^2+z^2)^2}$$

$$\sigma_x=\frac{2\overline{F}x^2z}{\pi(x^2+z^2)^2}$$

$$\tau_{xz}=\frac{2\overline{F}xz^2}{\pi(x^2+z^2)^2}$$

2. 条形基础受均布荷载作用时的附加应力

如图 1-15 所示,设在土体表面作用均布条形荷载 p,条形基础的宽度为 b,以地面为 x 轴,基础中点的垂线为 z 轴,基础中点为坐标原点,计算土中任一点 M 的竖向应力时,可将弗拉曼公式在荷载分布宽度范围内积分求得:

$$\sigma_z=\int_{-\frac{b}{2}}^{\frac{b}{2}}\frac{2p_0}{\pi}\frac{z^3\mathrm{d}\xi}{[(x-\xi)^2+z^2]^2}$$
$$=\frac{1}{\pi}[\arctan(\frac{1-2n}{2m})+\arctan(\frac{1+2n}{2m})+\frac{4m(4n^2-4m^2-1)}{(4n^2+4m^2-1)^2+16m^2}]p_0$$
$$=\alpha_{sz}p_0$$

式中　a_{sz}——条形基础受均布荷载作用时的竖向附加应力分布系数，按 $m=\frac{z}{b}$ 与 $n=\frac{x}{b}$ 值可由表 1-4 查得。

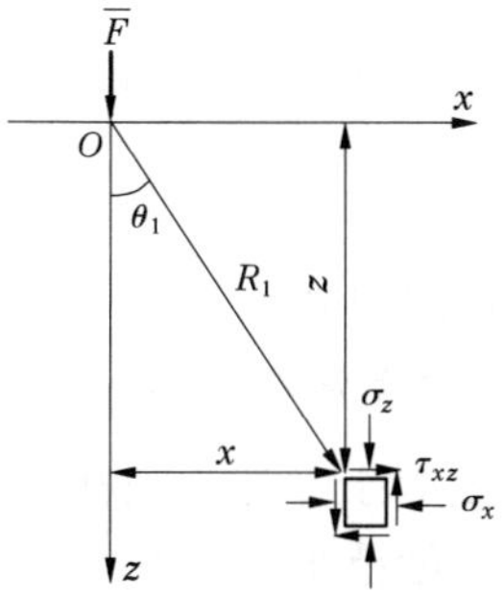

图 1-14　竖直线荷载作用

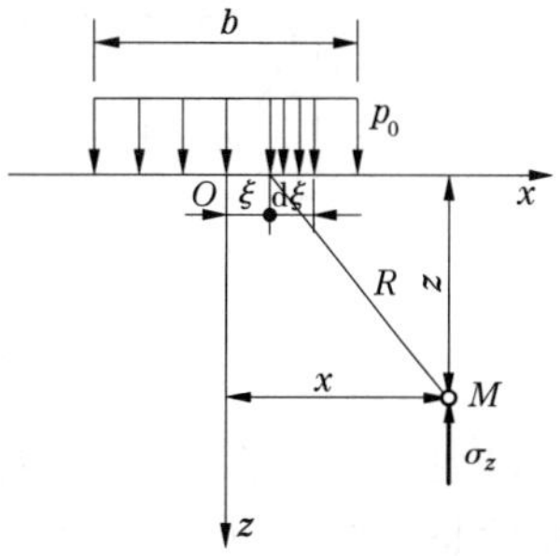

图 1-15　条形基础受均布荷载

表 1-4　均布条形荷载下竖向附加应力系数 α 值

z/b	x/b									
	0	0.25	0.50	1.00	1.50	2.00	2.50	3.00	4.00	5.00
0	1.00	1.00	0.500	0						
0.25	0.960	0.905	0.496	0.019	0	0	0	0		
0.50	0.820	0.735	0.481	0.082	0.017	0.005	0.002	0.001	0	
0.75	0.678	0.610	0.450	0.146	0.040	0.017	0.005	0.005	0.001	0
1.00	0.552	0.513	0.410	0.185	0.071	0.029	0.013	0.007	0.002	0.001
1.50	0.396	0.379	0.332	0.211	0.114	0.055	0.030	0.018	0.006	0.003
2.00	0.306	0.292	0.275	0.205	0.134	0.083	0.051	0.028	0.013	0.006
3.00	0.208	0.206	0.198	0.171	0.136	0.103	0.075	0.053	0.028	0.015
4.00	0.160	0.158	0.153	0.140	0.122	0.102	0.081	0.066	0.040	0.025
5.00	0.126	0.125	0.124	0.117	0.107	0.095	0.082	0.069	0.046	0.034

注：表中 x 为所求点与基础中心铅垂线的水平距离，m。

图 1-16 分别为条形基础与方形基础承受均布荷载时土中竖向附加应力的等值线图。由图可以看出，在均布条形荷载作用下 $\sigma_z\geqslant0.1p_0$ 的主要受力范围的深度，约为 $6b$（b 为基底宽度），而方形基础在均布荷载作用下为 $2b$，这以下，竖向附加应力已很小。因此，建筑物地基勘探深度，条形基础不得小于 $6b$，方形基础不小于 $2b$。

3. 条形基础受三角形荷载作用时的竖向附加应力

如图 1-17 所示，条形基础底面受到三角形荷载作用，其最大强度值为 p_t，条形基础的

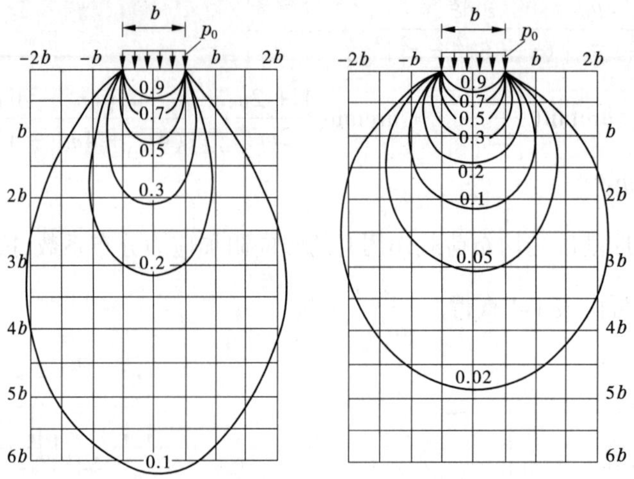

(a)条形基础

(b)方形基础

图 1-16　均布荷载作用时竖向附加应力等值线

宽度为 b，以地面为 x 轴，与地面垂直线为 z 轴，荷载强度等于零处为坐标原点，计算土中任一点 M 的竖向应力时，可将弗拉曼公式在荷载分布宽度范围内积分求得，土中任一点 M 竖向附加应力的计算公式为

$$\sigma_z = \frac{1}{\pi}\left\{m\left[\arctan\left(\frac{m}{n}\right) - \arctan\left(\frac{m-1}{n}\right)\right] - \frac{n(m-1)}{n^2+(m-1)^2}\right\}p_t$$
$$= \alpha_{stz}p_t$$

式中　α_{stz}——条形基础受三角形荷载作用时的竖向附加应力分布系数，按 $m=\frac{x}{b}$ 与 $n=\frac{z}{b}$ 值可由表 1-5 查得。

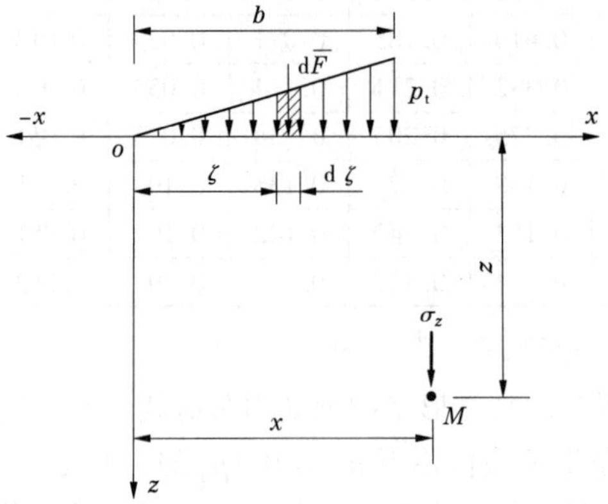

图 1-17　条形基础受三角形荷载作用时的情况

表 1-5　条形基础受垂直三角形分布荷载作用附加应力系数 α 值

z/b	x/b									
	-2.0	-1.0	-0.5	0	0.25	0.5	0.75	1.0	1.50	2.0
0	0	0	0	0.5	0.75	0.50	0	0	0	0
0.25	0	0	0.08	0.48	0.65	0.42	0.08	0.02	0	0
0.50	0	0.02	0.13	0.41	0.47	0.35	0.16	0.06	0.01	0
0.75	0.01	0.05	0.15	0.33	0.36	0.29	0.19	0.10	0.03	0.01
1.00	0.01	0.06	0.16	0.28	0.29	0.25	0.18	0.12	0.05	0.02
1.50	0.02	0.09	0.15	0.20	0.20	0.19	0.16	0.13	0.07	0.04
2.00	0.03	0.09	0.14	0.16	0.16	0.15	0.13	0.12	0.08	0.05
3.00	0.05	0.08	0.10	0.11	0.11	0.10	0.10	0.09	0.07	0.05
4.00	0.05	0.07	0.08	0.08	0.08	0.08	0.08	0.07	0.06	0.05
5.00	0.05	0.06	0.06	0.06	0.06	0.06	0.06	0.06	0.05	0.04

4. 各种情况下地基中附加应力计算

实际工程中,还会遇到各种不同的基础底面形式与荷载情况,如圆形面积受均布荷载及三角形荷载作用等。各种情况下的地基中的附加应力的计算原理、计算公式和计算方法均相类似。需要注意的是,取坐标原点的位置、计算点的位置及坐标是否有正负之分。在此把附加应力的计算方法作一小结,见表 1-6。

表 1-6　地基中附加应力计算小结

受荷面积	矩形($l\times b$)	圆形(r)	条形($l/b>10$)
计算点 M 的平面位置	均布荷载为角点下(或任意点);三角形荷载,取荷载分布为零的角点	均布荷载为任意点;三角形荷载,取荷载分布为零的点为 1 点,荷载最大的点为 2 点	任意点
垂直均布荷载计算公式	$\sigma_z = \alpha_0 p_0$ α_0 由 l/b、z/b 查表 1-2	$\sigma_z = \alpha p_0$ α 由 l/r、z/r 查表 1-7	$\sigma_z = \alpha p_t$ α 由 x/b、z/b 查表 1-4
垂直三角形分布荷载计算公式	$\sigma_z = \alpha p_t$ α 由 l/b、z/b 查表 1-3	$\sigma_z = \alpha p_t$ α 由点位、z/r 查表 1-8	$\sigma_z = \alpha p_t$ α 由 x/b、z/b 查表 1-5

表 1-7 圆形均布荷载下附加应力系数 α 值

z/r	l/r					
	0	0.4	0.8	1.2	1.6	2.0
0	1.000	1.000	1.000	0	0	0
0.2	0.993	0.987	0.890	0.077	0.005	0.001
0.4	0.949	0.922	0.712	0.181	0.026	0.006
0.6	0.864	0.813	0.591	0.224	0.056	0.016
0.8	0.756	0.699	0.504	0.237	0.083	0.029
1.0	0.646	0.593	0.434	0.235	0.102	0.042
1.4	0.461	0.425	0.329	0.212	0.118	0.062
1.8	0.332	0.311	0.254	0.182	0.118	0.072
2.2	0.246	0.233	0.198	0.153	0.109	0.074
2.6	0.187	0.179	0.158	0.129	0.098	0.071
3.0	0.146	0.141	0.127	0.108	0.087	0.067
3.8	0.096	0.093	0.087	0.078	0.067	0.055
4.6	0.067	0.066	0.063	0.058	0.052	0.045
5.0	0.057	0.056	0.054	0.050	0.046	0.041
6.0	0.040	0.040	0.039	0.037	0.034	0.031

表 1-8 圆形面积上三角形分布荷载附加应力系数 α 值

z/r	1点	2点	z/r	1点	2点	z/r	1点	2点
0	0	0.500	1.6	0.087	0.154	3.2	0.048	0.061
0.1	0.016	0.465	1.7	0.085	0.144	3.3	0.046	0.059
0.2	0.031	0.433	1.8	0.083	0.134	3.4	0.045	0.055
0.3	0.044	0.403	1.9	0.080	0.126	3.5	0.043	0.053
0.4	0.054	0.376	2.0	0.078	0.117	3.6	0.041	0.051
0.5	0.063	0.349	2.1	0.075	0.110	3.7	0.040	0.048
0.6	0.071	0.324	2.2	0.072	0.104	3.8	0.038	0.046
0.7	0.078	0.300	2.3	0.070	0.097	3.9	0.037	0.043
0.8	0.083	0.279	2.4	0.067	0.091	4.0	0.036	0.041
0.9	0.088	0.258	2.5	0.064	0.086	4.2	0.033	0.038
1.0	0.091	0.238	2.6	0.062	0.081	4.4	0.031	0.034
1.1	0.092	0.221	2.7	0.059	0.078	4.6	0.029	0.031
1.2	0.093	0.205	2.8	0.057	0.074	4.8	0.027	0.029
1.3	0.092	0.190	2.9	0.055	0.070	5.0	0.025	0.027
1.4	0.091	0.177	3.0	0.052	0.067			
1.5	0.089	0.165	3.1	0.050	0.064			

任务四　有效应力

一、有效应力的概念

地基土中常存在地下水和空气，当地基土承受建筑物荷载时，土骨架孔隙中的水和气体共同受力，那么，它们之间的关系是怎样的呢？

在土体中任取一水平截面，其面积为 A，如图 1-18 所示，截面上作用的应力是由土体的重力、静水压力和外荷载产生的应力之和，即总应力。总应力中由土的骨架所承担的那部分应力称为有效应力，由土体孔隙内的水及气体承担的另一部分应力称为孔隙应力。分析图 1-18 所示土体的平衡，沿土颗粒接触面截取曲线状的 $a—a$ 截面并取隔离体，$a—a$ 截面上土颗粒接触面间的法向应力为 σ_s，土粒接触面积之和为 A，孔隙内的水应力为 u_w，气体应力为 u_a，相应面积分别为 A_w 及 A_a，由此可建立平衡方程：

$$\sigma A = \sigma_s A_s + u_w A_w + u_a A_a \tag{1-10}$$

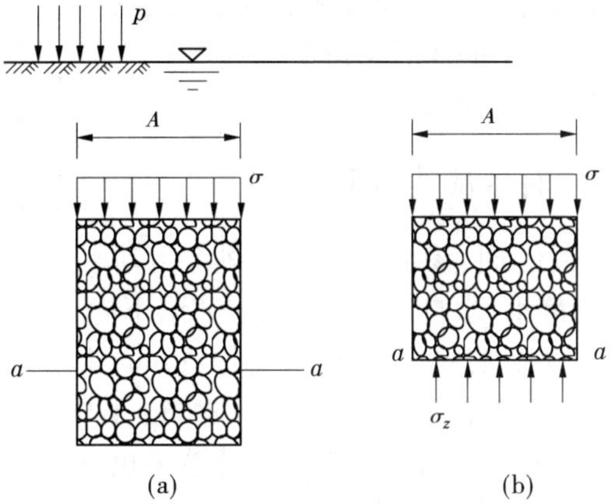

图 1-18　有效应力

对于饱和土，式中 u_a 和 A_a 为 0，则式(1-10)可写为

$$\sigma A = \sigma_s A_s + u_w (A - A_s) \tag{1-11}$$

即

$$\sigma = \frac{\sigma_s A_s}{A} + u_w \left(1 - \frac{A_s}{A}\right) \tag{1-12}$$

毕肖普及伊尔定根据粒状土的试验认为 A_s/A 一般小于 0.03。因此，式(1-12)中第二项括号内的 A_s/A 可略去不计，而第一项中的 σ_s 很大，故不能略去。此时，式(1-12)可写成

$$\sigma = \frac{\sigma_s A_s}{A} + u_w \tag{1-13}$$

式(1-13)中第一项实际上是土粒间的接触应力在截面 A 上的平均应力，通常称为有效应力，用 σ' 表示，并把孔隙水应力 u_w 用 u 表示，于是式(1-13)可写成

$$\sigma = \sigma' + u \tag{1-14}$$

式(1-14)由太沙基在 1924 年首先提出,反映了总应力、有效应力和孔隙水应力三者之间的关系,称为有效应力原理。

有效应力原理表明,饱和土的总应力由有效应力和孔隙水应力组成,当总应力保持不变时,孔隙水应力与有效应力在一定条件下可以互相转化,即当孔隙水应力减小(增大)时,有效应力就增大(减小)。总应力可由计算得出,孔隙水应力可实测,有效应力可通过有效应力原理求出。虽然孔隙水应力是总应力中的一部分,但它不能使土颗粒产生位移,这是因为土体中的孔隙是互相连通的,即饱和土体孔隙中的水是连通的,所以孔隙水应力与静水压力一样,其对各方向的作用是大小相等的。因此,孔隙水应力只能使土颗粒产生压缩(土颗粒本身的压缩量很小,可不予考虑),而不能使土颗粒产生位移,即对土骨架起不到压缩作用。

土颗粒间的有效应力会引起土颗粒的位移,使孔隙体积改变,产生压缩变形。如地基中地下水位下降,孔隙水应力减小,有效应力相应增加,可引起建筑物基础产生附加沉降。同时,有效应力的大小对土的抗剪强度也有影响。概括地说,有效应力原理包含下述两点:

(1)土的有效应力 σ' 等于总应力 σ 减去孔隙水应力 u;

(2)土的有效应力控制了土的变形及强度。

有效应力原理一般适用于饱和土。

二、土中有渗流时的有效应力计算

当土中有渗流(一维渗流)时,渗流对土颗粒将产生动水压力,这就必然影响土中有效应力的分布。图 1-19 为静水、水自上向下渗流和水自下向上渗流时 3 种情况下土中水渗流时的总应力、孔隙水应力和有效应力分布。图 1-19(a)中水是静止不动的,即土中 a、b 两点的水头相等;图 1-19(b)表示水自上向下渗流,土中 a、b 两点的水头差为 h;图 1-19(c)表示水自下向上渗流,土中 a、b 两点的水头差也是 h。现按上述 3 种情况分别计算土中的总应力 σ、孔隙水应力 u 和有效应力 σ',3 种情况的计算结果见表 1-9。

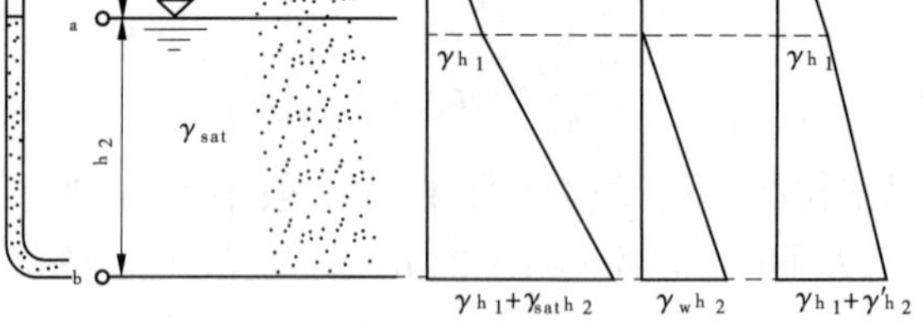

(a)静水时

图 1-19　土中水渗流时总应力、孔隙水应力、有效应力分布

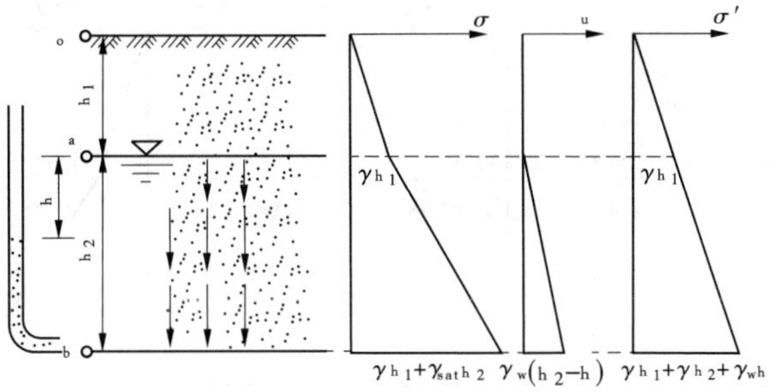

(b)水自上向下渗流

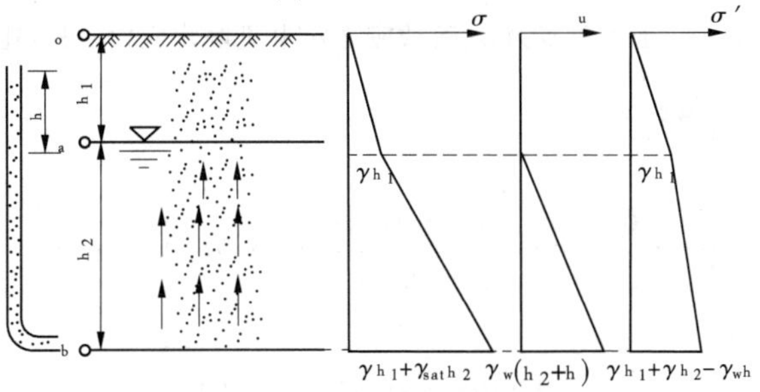

(c)水自下向上渗流

续图 1-19

表 1-9　土中水渗流时总应力、孔隙水应力、有效应力计算

渗流情况	计算点	总应力 σ	孔隙水应力 u	有效应力 σ'
静水时	a	γh_1	0	γh_1
	b	$\gamma h_1+\gamma_{sat}h_2$	$\gamma_w h_2$	$\gamma h_1+(\gamma_{sat}-\gamma_w)h_2$
水自上向下渗流	a	γh_1	0	γh_1
	b	$\gamma h_1+\gamma_{sat}h_2$	$\gamma_w(h_2-h)$	$\gamma h_1+(\gamma_{sat}-\gamma_w)h_2+\gamma_w h_2$
水自下向上渗流	a	γh_1	0	γh_1
	b	$\gamma h_1+\gamma_{sat}h$	$\gamma_w(h_2+h)$	$\gamma h_1+(\gamma_{sat}-\gamma_w)h_2-\gamma_w h$

计算结果表明:3 种情况的总应力 σ 是相同的,即渗流不影响总应力值,但土中有渗流时,渗流产生的动水压力将影响有效应力和孔隙水应力的分布。当土体中发生自上向下渗流作用时,动水压力方向与土的自重方向相同,从而使有效应力增加,孔隙水应力减小,从而增加了土体的稳定性。反之,当土体中有自下向上渗流时,土中有效应力减小,孔隙水应力增加,从而削弱了土体的稳定性。例如,有的土坝上游河床覆盖层上设有防渗铺盖,水库水位增高时,水压力相当于作用在铺盖上的一个外荷载 ,不考虑其压缩性。随着稳定渗流的逐步形成,整个铺盖土层内都作用一个向下的渗透力,从而使土中的有效应力比蓄水前增加。

【例 1-4】　有一中砂层,已知其孔隙比 $e=0.65$,土粒比重 $G_s=2.65$,如图 1-20 所示。试计算土中总应力 σ 、有效应力 σ' 和孔隙水应力 u 的大小,并绘出应力分布图。

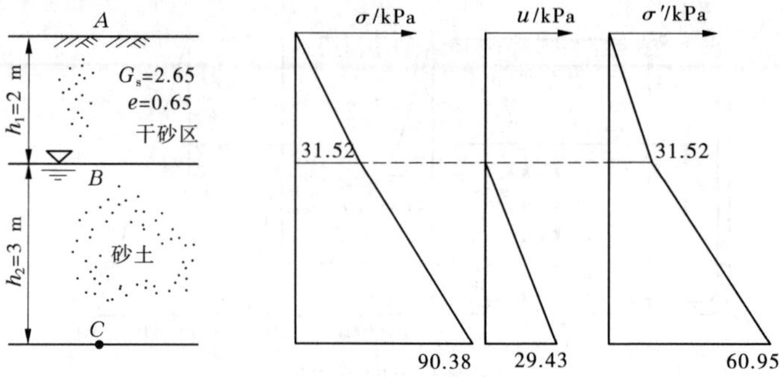

图 1-20　土中总应力 σ、有效应力 σ' 和孔隙水应力 u 分布图

解:(1)计算土的重度:

干土区 (AB 范围):

$$\gamma_1 = \frac{G_s\gamma_w}{1+e} = \frac{2.65 \times 9.81}{1+0.65} = 15.76(\mathrm{kN/m^3})$$

水下区(BC 范围):

$$\gamma_{sat} = \frac{(G_s+e)\gamma_w}{1+e} = \frac{(2.65+0.65)\times 9.81}{1+0.65} = 19.62(\mathrm{kN/m^3})$$

(2)土中应力计算:

A 点: $\sigma = 0, u=0, \sigma' = 0$;

B 点: $\sigma = \gamma_1 h_1 = 15.76 \times 2 = 31.52(\mathrm{kPa})$, $u = 0$, $\sigma' = \sigma - u = 31.52 - 0 = 31.52(\mathrm{kPa})$;

C 点: $\sigma = \gamma_1 h_1 + \gamma_{sat} h_2 = 31.52 + 19.62 \times 3 = 90.38(\mathrm{kPa})$, $u = \gamma_w h_2 = 9.81 \times 3 = 29.43(\mathrm{kPa})$, $\sigma' = \sigma - u = 90.38 - 29.43 = 60.95(\mathrm{kPa})$。

应力分布如图 1-20 所示。

【例 1-5】 有一厚 10 m 的饱和黏土层,其下为砂土,如图 1-21 所示,砂土层中有承压水存在,已知承压水头高出 A 点 6 m,现要在黏土层中开挖基坑,试求基坑的最大允许开挖深度。

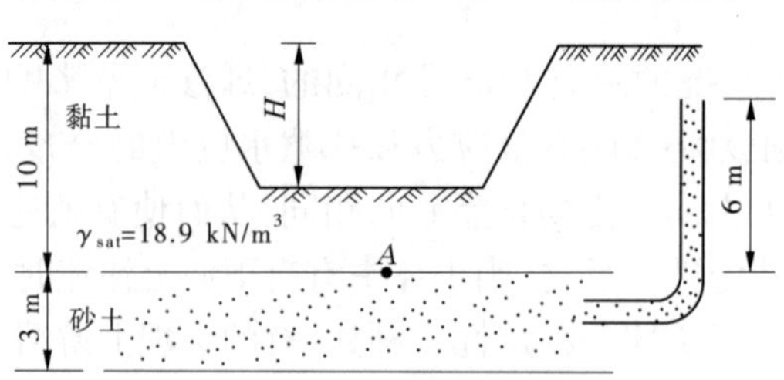

图 1-21　例 1-5 图

解:设当基坑开挖深度达到 H 时,坑底土将隆起失稳,此时 A 点的稳定条件为 $\sigma' = 0$。

A 点的总应力　　　$\sigma = \gamma_{sat}(10 - H) = 18.9 \times (10 - H)$

A 点的孔隙水应力　　$u = \gamma_w h = 9.81 \times 6 = 58.86(\mathrm{kPa})$

若 A 点失稳，则其有效应力 $\sigma'=0$，即

$$\sigma - u = 18.9 \times (10 - H) - 58.86 = 0$$

解得 $H=6.89$ m，即当基坑开挖深度超过 6.89 m 后，坑底土将隆起破坏。

思考题

1. 什么是土的自重应力和附加应力？
2. 怎样计算矩形均布荷载作用下地基内任意点的附加应力？
3. 写出偏心受压基础基底压力计算公式，分析它们的适用条件。
4. 怎样确定基底附加应力？
5. 若基底压力保持不变，增大基础埋深，土中附加应力是增大还是减小？
6. 土的自重应力是否在任何情况下都不会产生地基变形？试举例说明。

习　题

1. 某地基土为粉土，层厚 4.80 m。地下水位埋深 1.10 m，地下水位以上粉土重度为 17 kN/m^3，粉土饱和重度 $\gamma_{sat}=20.1$ kN/m^3，计算粉土层底面处土的自重应力。

2. 正方形中心受压基础，底面尺寸为 1.5 m×1.5 m，作用在基础底面的竖向荷载 $N+G=390$ kN，求基础底面应力，绘出应力分布图。接上题，基础埋置深度 2 m，均质土层的重度为 17 kN/m^3，试求基础中心点下底面处、1.5 m、3 m、4.5 m 和 6 m 处的附加应力和土的自重应力，绘出应力分布曲线。

3. 某条形基础，长度为 l，宽度为 b。在偏心荷载作用下，基础底面边缘处的附加应力 $p_{max}=150$ kPa，$p_{min}=50$ kPa，计算此条形基础中心点下，深度为 0、0.25b、0.50b、1.0b、2.0b、3.0b 处地基中的附加应力。

4. 某矩形基础，长度为 14.0 m，宽度为 10.0 m。计算深度为 10.0 m 处、长边中心线上基础以外 6 m 处与矩形中心处的附加应力的比值。

5. 如图 1-22 所示，条形基础上作用均布荷载和三角形分布荷载，试用角点法计算 G 点下深度 6 m 处点 M 的附加应力值 σ_z。

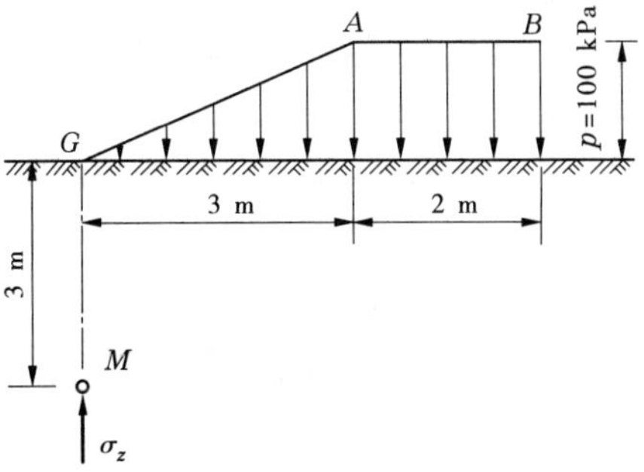

图 1-22　习题 5 图

项目二 土体的变形与地基沉降计算

知识目标

1. 理解地基土体变形特性；
2. 掌握压缩试验原理及压缩性指标计算方法；
3. 掌握分层总和法计算地基沉降量的方法；
4. 了解饱和土的渗透固结原理。

能力目标

1. 会测定和计算地基土的压缩变形指标；
2. 会计算地基沉降量。

思政目标

领会地基沉降引起的工程问题的严重性，领会工作中必须依据相关规范、标准。

地基土体在上部结构荷载作用下产生应力和变形。地基的竖直方向变形即为沉降。土体的变形或沉降是同土的压缩性能密切相关的。一般天然土是三相体，完全浸水饱和土则是二相体，它们受力后的变形，实际上包括了土颗粒压缩、土孔隙中的水和气被排出，土体积减小的过程。土体压缩性即是指的这一变化过程的特性。因此，它包含了两个方面的内容：一是压缩变形量的绝对大小，即沉降量大小；二是压缩变形随时间的变化，即所谓土体固结的问题。

路桥工程中的土工构筑物如路堤在本身及车辆荷载作用下也会产生压缩变形，这将在路桥工程的有关课程中讨论。我们这里所讨论的只是就路桥工程的地基土的压缩变形而言的。从工程意义上来说，地基的沉降还有均匀沉降与不均匀沉降的不同估算。均匀沉降一般对路桥工程的上部结构危害较小，但过量的均匀沉降也会导致路面标高降低、桥下净空的减少而影响正常使用；不均匀沉降则会造成路堤开裂、路面不平、超静定结构桥梁产生较大附加应力等工程问题，甚至影响其正常和安全使用。因此，为了确保路桥工程的安全使用，需要确定地基土的变形的大小，也需要了解和估计沉降随时间的发展及其趋于稳定的可能性。

沉降计算是地基基础验算的重要内容，也是土力学的重要课题之一。本项目将先行介绍地基土在外荷载作用下压缩变形的特性和规律，以及反映这种特性的计算指标；然后分别介绍计算地基最终沉降量的方法和分析沉降随时间发展过程的土体固结理论。

任务一　土体的压缩变形

土在压力作用下体积减小的特性称为土的压缩性。研究表明，在一般工程压力 100~600 kPa 作用下，土的三项物质组成当中，土颗粒的压缩很小，可以忽略不计，所以土的压缩可看作是由于孔隙中水和空气被挤出，使土中孔隙体积减小产生的。饱和土压缩时，随着孔隙体积的减小，土中孔隙水被挤出，这种现象称为固结。

码 2-1　地基土的压缩性

在荷载作用下，透水性大的无黏性土，其压缩过程在很短的时间内就可完成，而透水性很小的黏性土，其压缩过程需要很长时间才能完成。一般认为，砂土的压缩在施工期间即告完成；高压缩性黏性土的压缩，在施工期间只完成最后沉降量的 5%~20%。

研究土的压缩固结，对于在建筑物设计时预留它们的有关部分之间的净空、考虑连接方法及施工顺序等，都是十分重要的。

一、压缩试验与压缩曲线

土的孔隙比与压力的关系，可由侧限压缩试验确定。压缩试验就是用环刀切取原状土样，放在压缩仪（也称为固结仪）内，然后逐级加铅直压力 p，并用百分表测量相应稳定压缩量 S，再经过换算，求得相应的孔隙比 e。

设 h_0 为土样初始高度，h 为土样受压后的高度，S 为压力 p 作用下土样压缩稳定后的压缩量，则 $h=h_0-S$，如图 2-1 所示。

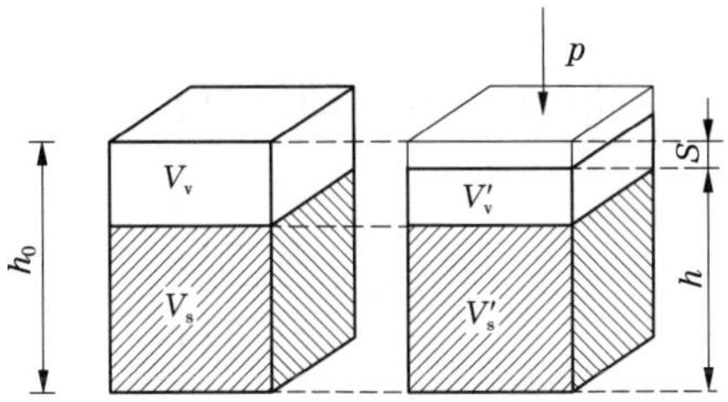

图 2-1　土侧限压缩

根据土的孔隙比的定义，初始孔隙比为

$$e_0=\frac{V_v}{V_s}=\frac{V-V_s}{V_s}=\frac{V}{V_s}-1 \tag{2-1}$$

设土样的横截面面积为 A，于是 $V=h_0A$，把它带入式（2-1），经简单变换后，得

$$V_s=\frac{h_0A}{1+e_0} \tag{2-2a}$$

用某级压力 p 作用下的孔隙比 e 和稳定压缩量 S 表示土粒体积：

$$V'_s = \frac{hA}{1+e} = \frac{(h_0 - S)A}{1+e} \tag{2-2b}$$

因为土样受压前后土粒体积和横断面面积不变,故式(2-2a)与式(2-2b)相等:

$$\frac{h_0}{1+e_0} = \frac{h_0 - S}{1+e} \tag{2-2c}$$

解得:

$$e = e_0 - \frac{S}{h_0}(1+e_0) \tag{2-2d}$$

这样,只要测出土样在各级压力 p 作用下的稳定压缩量 S 后,即可按式(2-2d)算出相应的孔隙比 e,从而就可绘出压力和孔隙比关系曲线,即压缩曲线(见图 2-2)。

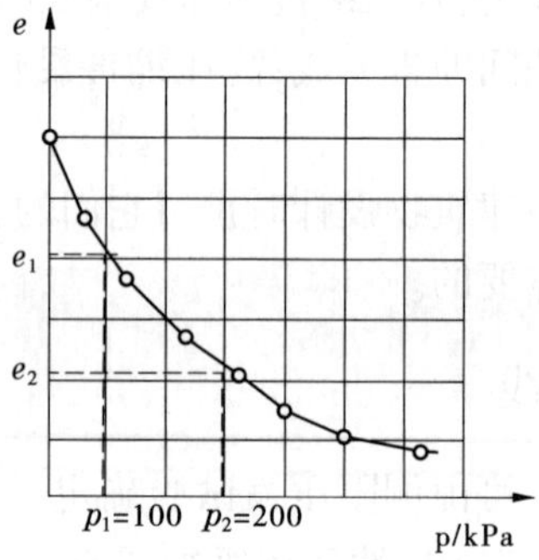

图 2-2 压缩曲线

二、压缩性指标

(一)压缩系数 a

从图 2-2 的压缩曲线可以看出,孔隙比 e 随压力 p 的增大而减小。当压力变化不大时,令

$$a = 1\,000 \times \frac{e_1 - e_2}{p_2 - p_1} \tag{2-3}$$

式中 1 000——单位换算系数;

a——压缩系数,MPa^{-1};

p_1、p_2——固结压力,kPa;

e_1、e_2——相应于 p_1、p_2 时的孔隙比。

压缩系数 a 表示单位压力下孔隙比的变化。显然,压缩系数越大,土的压缩性就越大。由图 2-2 可见,土的压缩系数并不是常数,而是随压力 p_1、p_2 数值的改变而改变的。

在计算地基沉降时,p_1 和 p_2 应取实际压力,即 p_1 取土的自重应力,p_2 取土的自重应力与附加应力之和。

在评价土体的压缩性时,一般取 $p_1 = 100$ kPa、$p_2 = 200$ kPa,并将相应的压缩系数记作 a_{1-2},按 a_{1-2} 的大小将土体的压缩性分为以下三类:

(1)当 $a_{1-2} \geq 0.5\ MPa^{-1}$ 时,为高压缩性;

(2)当 $0.1\ \text{MPa}^{-1} \leqslant a_{1-2} < 0.5\ \text{MPa}^{-1}$ 时,为中压缩性;

(3)当 $a_{1-2} < 0.1\ \text{MPa}^{-1}$ 时,为低压缩性。

(二)压缩模量 E_s

除采用压缩系数 a_{1-2} 作为土的压缩性指标外,在工程上,还常采用压缩模量作为土的压缩性指标。

在压缩仪内完全侧限的条件下,土的应力变化量与其应变的变化量之比,称为压缩模量,用 E_s 表示,即

$$E_s = \frac{\Delta p}{\Delta \varepsilon} \tag{2-4}$$

其中,在侧限条件下,土样应变变化量为

$$\Delta \varepsilon = \frac{\Delta h}{h_1} = \frac{e_1 - e_2}{1 + e_1} \tag{2-5}$$

把式(2-5)代入式(2-4), $E_s = \dfrac{\Delta p}{\Delta \varepsilon} = \dfrac{p_2 - p_1}{\dfrac{e_1 - e_2}{1 + e_1}} = \dfrac{1 + e_1}{\dfrac{e_1 - e_2}{p_2 - p_1}} = \dfrac{1 + e_1}{a}$ 即

$$E_s = \frac{1 + e_1}{a} \tag{2-6}$$

压缩模量 E_s 是土的压缩性指标,E_s 不是常数,在运用到沉降计算中时,应根据实际竖向应力的大小在压缩曲线上取相应的孔隙比来确定。

土的压缩模量反映了单向压缩时土体对压缩变形的抵抗能力。压缩模量愈大,土的压缩性愈低,反之,压缩模量愈小,土的压缩性愈高。所以,压缩模量也具有划分土的压缩性高低的功能,这种关系与压缩系数所表示的结果正好相反。以土的压缩模量划分土的压缩性高低一般按下列标准进行:

(1)当压缩模量 $E_s < 4$ MPa 时,属高压缩性土;

(2)当压缩模量 $4\ \text{MPa} \leqslant E_s \leqslant 15$ MPa 时,属中等压缩性土;

(3)当压缩模量 $E_s > 15$ MPa 时,属低压缩性土。

需要指出的是,土的压缩模量在概念上虽然与连续材料(如钢材、木材等)的弹性模量相似,但实质上两者是有区别的。弹性模量公式中的应变量只含弹性变形,而压缩模量公式中的变形量包括弹性变形和塑性变形(不能恢复的残余变形)两部分,再则,压缩模量是压缩系数的函数,而压缩系数是随所取的起始压力和压力增量的大小而变化的,因此压缩模量是个变量。只有当压缩系数按规定的压力取值时,压缩模量才可认为是定值。

(三)压缩指数 C_c

当采用半对数坐标来绘制 e-p 关系曲线时,得到 e-lg$p$ 曲线(见图 2-3)。在 e-lg$p$ 曲线中可以看到,当压力较大时,e-lg$p$ 曲线接近直线。

将 e-lg$p$ 曲线直线段的斜率用 C_c 表示,称为压缩指数,是无量纲的量:

$$C_c = \frac{e_1 - e_2}{\lg p_2 - \lg p_1} \tag{2-7}$$

压缩指数与压缩系数不同,它在压力较大时为常数,不随压力变化而变化。C_c 值越

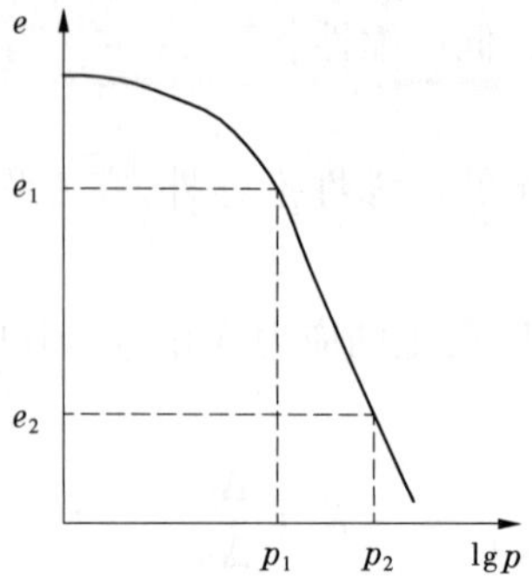

图 2-3　e-lg$p$ 曲线

大,土的压缩性越高,低压缩性土的 C_c 一般小于 0.2,高压缩性土的 C_c 一般大于 0.4。

三、变形模量

土的压缩性,除采用上述室内压缩试验测定的指标(压缩系数和压缩模量)外,还可通过现场原位测试方法测定的变形模量来表示。由于变形模量是在现场原位测得的,所以它能比较准确地反映土在天然状态下的压缩性。其中,载荷试验是一种比较有效的原位测试方法。

进行载荷试验时,先在现场挖一个试坑,其深度等于基础的埋置深度,宽度不小于荷载板宽度(或直径)的 3 倍,荷载板的面积采用 0.25~0.5 m^2。

加载方法视具体条件采用铅块或油压千斤顶。

试验的加荷标准应符合下列要求:加荷等级不小于 8 级,最大加载量不小于设计荷载的 2 倍。每级加载后,按间隔 10 min、10 min、10 min、15 min、15 min,以后每隔半小时读一次沉降值,当连续 2 h,每小时的沉降量小于 0.1 mm 时,则认为已趋于稳定,可加下一级荷载。第一级荷载(包括设备重量)宜接近开挖试坑所卸除土的自重,其后每级荷载增量,对松软土采用 10~25 kPa,对较坚硬土采用 50 kPa,并观测累积荷载下的稳定沉降量(mm)。直至地基土达到极限状态,即出现下列情况之一时加载终止:

(1)荷载板周围的土有明显的侧向挤出;

(2)荷载 p 增加很小,但沉降量 S 却急剧增大;

(3)在荷载不变的情况下,24 h 内,沉降速率不能达到稳定标准;

(4)总沉降量 $S \geqslant 0.06b$(b 为荷载板宽度或直径)。

满足前 3 种情况之一时,其对应的前一级荷载定为极限荷载。

根据载荷试验的纪录,可以绘制荷载板底面应力与沉降量的关系曲线,即 p-S 曲线,如图 2-4 所示。从图中可以看出,荷载板的沉降量随压力的增大而增加;当压力小于 p_{cr} 时,沉降量和压力近似成正比,可采用弹性力学公式(2-8)通过对荷载板面积积分得到土的变形模量 E_0(MPa):

$$E_0 = \omega(1 - \mu^2)\frac{p_{cr}b}{S_1} \times 10^{-3} \tag{2-8}$$

式中　ω——沉降量系数，方形荷载板为0.88，圆形荷载板为0.79；

μ——土的泊松比，可按表1-1采用；

p_{cr}——p-S 曲线直线段终点所对应的应力或荷载，kPa，称为临塑荷载；

S_1——与临塑荷载所对应的沉降量，mm；

b——荷载板的宽度或直径，mm。

载荷试验的应用很广，如用于确定地基承载力等，将在后面介绍。

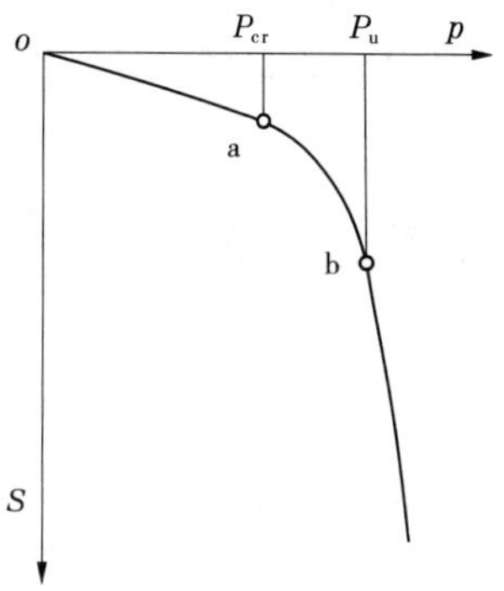

图2-4　荷载试验曲线

四、土的应力历史

工程上所谓应力历史，是指土层在地质历史发展过程中所形成的先期应力状态以及这个状态对土层强度与变形的影响。

（一）先期固结压力

对于新近沉积的土或人工填土，起初土颗粒尚处于悬浮状态，土的自重由土中孔隙水承担，有效应力为零。随着时间的推移，土在自身重力作用下逐渐排水固结，最后土中孔隙水应力全部消散，自重应力转化为有效应力。这类土在自重作用下尚未完成固结，自重应力即固结应力。而对于大多数天然土层来说，在经历了漫长的地质年代后，土体在自重作用下已完成固结，自重应力不再引起土的固结，使土体进一步产生固结的应力是外荷载在地基内部产生的附加应力。所以，引起土体固结的应力是附加应力。如果将时间后推到土层刚沉积时起算，那么固结应力应包括自重应力。为了研究应力历史对土体压缩性的影响，把土在历史上曾经受到过的最大有效应力称为先期固结压力，用 p_c 表示。目前可以通过室内压缩试验获得的 e-lg$p$ 曲线来确定，如卡萨格兰德（Cassagrande）法。

（二）土的固结状态

工程中根据先期固结压力与目前自重应力的相对关系，将土层的天然固结状态划分为三种，即正常固结、超固结和欠固结。用超固结比OCR作为反映土层固结状态的定量指标：

$$\mathrm{OCR}=\frac{p_c}{\sigma_{cz}} \tag{2-9}$$

天然土层按如下方法划分为正常固结土、超固结土和欠固结土：

（1）正常固结土，$p_c=\sigma_{cz}$ 即 OCR=1.0；

（2）超固结土，$p_c>\sigma_{cz}$ 即 OCR >1.0；

（3）欠固结土，$p_c<\sigma_{cz}$ 即 OCR <1.0。

任务二　地基最终沉降量的计算

地基最终沉降量是指地基在建筑物荷载作用下最后的稳定沉降量。计算地基最终沉降量的目的，在于确定建筑物最大沉降量、沉降差和倾斜，并控制在容许范围以内，以保证建筑物的安全和正常使用。

计算地基沉降量的方法有多种，如弹性理论法、分层总和法及规范法，在此介绍分层总和法。

一、计算原理及公式

码 2-2　地基沉降计算

假定：

(1)地基土受荷后不能发生侧向变形；

(2)按基础底面中心点下附加应力计算土层分层的压缩量；

(3)基础最终沉降量等于基础底面下压缩层范围内各土层分层压缩量的总和。

我们将基础底面下压缩层范围内的土层划分为若干分层，现分析第 i 分层的压缩量的计算方法，见图 2-5。在建筑物建造以前，第 i 分层仅受到土的自重应力作用，在建筑物建造以后，该分层除受自重应力外，还受到建筑物荷载所产生的附加应力的作用。如前所述，在一般情况下，土的自重应力产生的变形过程早已完结，而只有附加应力(新增加的)才会产生土层新的变形，从而使基础沉降。由于假定土层受荷后不产生侧向变形，所以它的受力状态与压缩试验时土样一样，故第 i 层的压缩量可按下式计算：

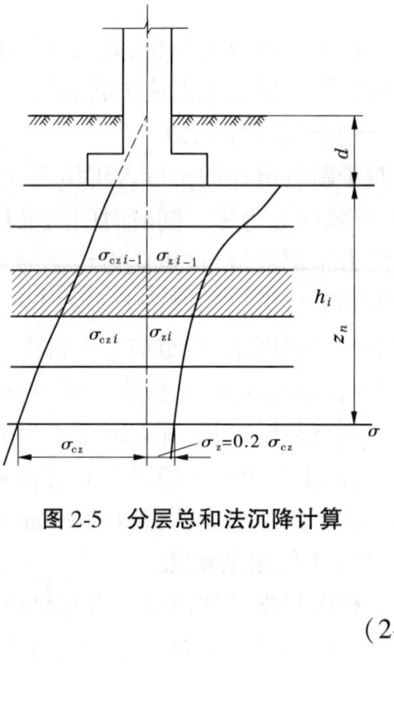

图 2-5　分层总和法沉降计算

$$S_i = \Delta\varepsilon_i h_i \tag{2-10}$$

将式(2-5)代入式(2-10)，得：

$$S_i = \frac{e_{1i} - e_{2i}}{1 + e_{1i}} h_i \tag{2-11}$$

则基础总沉降量：

$$S = \sum_{i=1}^{n} S_i = \sum_{i=1}^{n} \frac{e_{1i} - e_{2i}}{1 + e_{1i}} h_i \tag{2-12}$$

式中　S——基础最终沉降量；

e_{1i}——第 i 分层在建筑物建造前，在土的平均自重应力作用下的孔隙比；

e_{2i}——第 i 分层在建筑物建造后，在土的平均自重应力和平均附加应力作用下的孔隙比；

h_i——第 i 分层的厚度，为了保证计算的精确性，一般取 $h_i \leqslant 0.4b$(b 为基础宽度)；

n——压缩层范围内土层分层数目。

式(2-11)、式(2-12)是分层总和法的基本公式，它适用于采用压缩曲线计算。若在计算中采用土的压缩模量 E_s 作为计算指标，则式(2-11)、式(2-12)可变成另外的形式。

由式(2-3)得 $e_1 - e_2 = a(p_2 - p_1)$，并由图 2-5 可见，第 i 分层内相应于式(2-11)、

式(2-12)中的应力 $p_1=\frac{1}{2}(\sigma_{czi}+\sigma_{czi-1})$，而 $p_2=\frac{1}{2}(\sigma_{czi}+\sigma_{czi-1})+\frac{1}{2}(\sigma_{zi}+\sigma_{zi-1})$，于是，第 i 层土的孔隙比的变化：

$$e_{1i}-e_{2i}=a_i\frac{\sigma_{zi}+\sigma_{zi-1}}{2} \tag{2-13}$$

将式(2-13)代入式(2-12)，并注意到 $E_{si}=\frac{1+e_{1i}}{a_i}$，则得：

$$S=\sum_{i=1}^{n}\frac{1}{E_{si}}\frac{\sigma_{zi}+\sigma_{zi-1}}{2}h_i \tag{2-14}$$

式中　E_{si}——第 i 分层土的压缩模量；

其余符号意义同前。

综上所述，按分层总和法计算基础沉降量的具体步骤如下：

(1)按比例尺绘出地基剖面图和基础剖面图；

(2)计算基底的附加应力和自重应力；

(3)确定地基压缩层厚度；

(4)将压缩层范围内各土层划分成厚度为 $h_i\leqslant 0.4b$(b 为基础宽度)的薄土层；

(5)绘出自重应力和附加应力分布图(各分层的分界面应标明应力值)；

(6)按式(2-11)计算各分层的压缩量；

(7)按式(2-12)或式(2-14)算出基础总沉降量。

二、地基压缩层厚度

地基土层产生压缩变形是由附加应力引起的，地基土内的附加应力随深度的增加而减小。在基础底面某一深度以下的土层压缩变形很小，可以忽略不计。这个深度范围内的土层称为压缩层，即地基沉降计算的范围。

目前，确定压缩层厚度的方法有以下几种：

(1)当无相邻荷载影响，基础宽度 B 在 1～50 m 时，基础中点的地基沉降计算深度可按下列简化公式计算：

$$z_n=B(2.5-0.41\ln B) \tag{2-15}$$

式中　B——基础宽度，m。

如 z_n 以下有较软土层时，还应继续向下计算，直到再次满足式(2-15)。在计算深度范围内存在基岩时，此值可取至基岩表面。

(2)当有相邻基础影响时，地基沉降计算深度应满足式(2-16)要求：

$$\Delta S'_n\leqslant 0.025\sum_{i=1}^{n}\Delta S'_i \tag{2-16}$$

式中　$\Delta S'_n$——深度 z_n 处，向上取计算厚度为 Δz (按表 2-1 确定)的沉降计算变形值；

$\Delta S'_i$——深度 z_n 范围内，第 i 层土的沉降计算变形值。

表 2-1 计算层厚度 Δz 值

B/m	$B\leqslant 2$	$2<B\leqslant 4$	$4<B\leqslant 8$	$8<B\leqslant 15$	$15<B\leqslant 30$	$B>30$
Δz/m	0.3	0.6	0.8	1.0	1.2	1.5

(3)附加应力与自重应力比值法。

如前所述,附加应力随深度的增加而减小,而土的自重应力随深度的增加而增大。一般情况下,自重应力已不再使土层产生压缩,可以认为当基底下某处附加应力与自重应力的比值小到一定程度即可认为该处就为压缩层的下限。一般认为,可取附加应力与自重应力的比值为 0.2(软土取 0.1)处作为压缩层的下限条件,并精确到 5 kPa,即满足下式:

$$|\sigma_z - 0.2\sigma_{cz}| \leqslant 5\ \text{kPa} \text{ 或 } |\sigma_z - 0.1\sigma_{cz}| \leqslant 5\ \text{kPa} \tag{2-17}$$

【例 2-1】 某基础底面为正方形,边长为 $l=b=4.0$ m,上部结构传至基础底面荷载 $N=1\ 440$ kN。基础埋深 $d=1.0$ m。地基为粉质黏土,土的天然重度 $\gamma=16.0\ \text{kN/m}^3$。地下水位深度 3.4 m,水下饱和重度 $\gamma_{sat}=18.2\ \text{kN/m}^3$。水的重度为 10 kN/m³。土的压缩试验结果 e-p 曲线如图 2-6 所示,计算基础的沉降量。

解:(1)绘制基础与地基剖面图如图 2-7 所示。

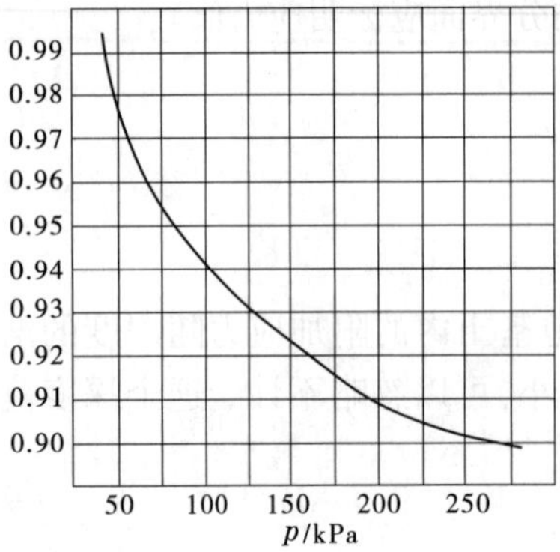

图 2-6 压缩曲线

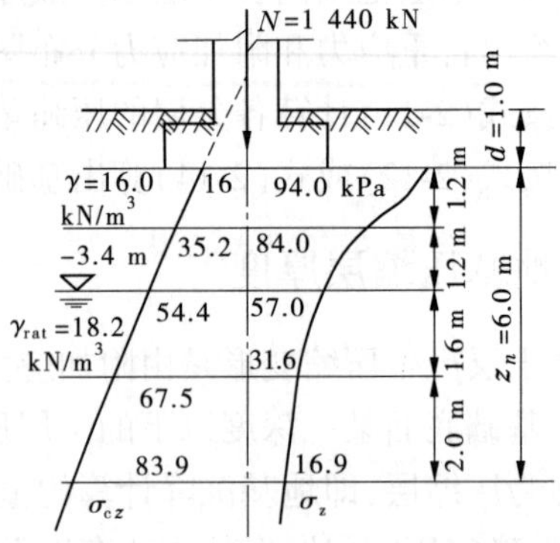

图 2-7 地基应力分布图

(2)计算地基土的自重应力。

基础底面处 $\sigma_{cz1}=\gamma d=16\times 1=16(\text{kPa})$

地下水面处 $\sigma_{cz2}=3.4\times\gamma=3.4\times 16=54.4(\text{kPa})$

地面下 $2b$ 深度处 $\sigma_{cz3}=3.4\times 16+(8-3.4)\times(18.2-10)=92.1(\text{kPa})$

(3)计算基础底面接触压力(设基础及其回填土的重度为 20 kN/m³)。

$$p=\frac{N+G}{F}=\frac{1\ 440+20\times 4\times 4\times 1}{4\times 4}=110.0(\text{kPa})$$

(4)计算基础底面附加应力。

$$p_0=p-\gamma d=110.0-16\times 1=94.0(\text{kPa})$$

(5)计算地基中的附加应力,计算结果见表 2-2。

表 2-2　附加应力计算

深度 z/m	l/b	z/b	系数 α_0	$\sigma_z=4\alpha_0 p_0$/kPa
0	1.0	0	0.250	94.0
1.2	1.0	0.6	0.223	84.0
2.4	1.0	1.2	0.152	57.0
4.0	1.0	2.0	0.084	31.6
6.0	1.0	3.0	0.045	16.9

(6)计算地基压缩层深度 z_n，根据图 2-7 中自重应力与附加应力分布两条曲线，由 $\sigma_z=0.2\sigma_{cz}$，当深度 $z=6.0$ m 时，$\sigma_z=16.9$ kPa$\approx 0.2\sigma_{cz}=0.2\times 83.9$ kPa。

故受压层深度取 6 m。

(7)地基沉降计算分层，一般要求 $h_i\leqslant 0.4b=0.4\times 4=1.6$ m 。地下水位以上 2.4 m 分两层，每层 1.2 m；第三层 1.6 m，第四层因附加应力较小，可取 2.0 m。

(8)地基沉降计算公式：

$$S_i=\left(\frac{e_1-e_2}{1+e_1}\right)_i h_i$$

根据图 2-6 地基土压缩曲线，由各土层的平均自重压力 $\overline{\sigma}_{czi}$ 数值，查得相应的孔隙比 e_1；由各土层的平均自重压力与平均附加应力之和 $\overline{\sigma}_{czi}+\overline{\sigma}_{zi}$，查出相应的孔隙比 e_2，即可计算各土层的沉降量 S_i。列表计算见表 2-3。

表 2-3　沉降计算表

i	h_i /m	$\overline{\sigma}_{czi}$/kPa	$\overline{\sigma}_{zi}$/kPa	$(\overline{\sigma}_{czi}+\overline{\sigma}_{zi})$/kPa	e_1	e_2	$\left(\frac{e_1-e_2}{1+e_1}\right)_i$	S_i/mm
1	1.2	25.6	89.0	114.6	0.970	0.937	0.016 8	20.16
2	1.2	44.8	70.5	115.3	0.960	0.936	0.012 2	14.64
3	1.6	61.0	44.3	105.3	0.954	0.940	0.007 16	11.46
4	2.0	75.7	24.3	100.0	0.948	0.941	0.003 59	7.18

(9)基础总沉降量：

$$S=\sum_{i=1}^{4}S_i=20.16+14.64+11.46+7.18\approx 53.4\ \text{mm}$$

任务三　地基土压缩的时间过程

在外荷载作用下，土的压缩或地基的沉降需要经历一个过程，才能达到稳定。因此，对于重要工程，不但需要计算地基的最终沉降量，而且要知道地基土压缩的时间过程，即沉降与时间的关系，以便掌握建筑物基础各部位在各个时期的沉降速率和沉降差。

对于高等级公路，为了满足其运行要求，对路堤的容许工后沉降量有较严格的限制。

日本道路协会制定的《道路工软土地基处理技术指南》规定，路面铺筑后三年内路堤中心处允许剩余沉降，应根据道路的重要性确定，与桥梁构造物连接的路堤 10~30 cm；我国《公路软土地基路堤设计与施工技术细则》（JTG/T D31-02—2013）中对容许工后沉降也有较严格的限制，表 2-4 列出了不同等级道路的容许工后沉降。由此可见，由于地基土的性质差异较大，以及各部位施工、功能上的差异，有必要计算沉降与时间的关系。关于基础沉降量与时间的关系，目前均以饱和土体的单向固结理论为基础。

码 2-3　沉降随时间的变化过程

表 2-4　容许工后沉降

道路等级	工程位置		
	桥台与路堤相邻处	涵洞或箱型通道处	一般路段
高速公路、一级公路	≤0. 10 m	≤0. 20 m	≤0. 30 m
二级公路	≤0. 20 m	≤0. 30 m	≤0. 50 m

根据固结理论，饱和土体的固结过程就是土中孔隙水应力向有效应力转化的过程。图 2-8 表示厚度为 H 的饱和黏性土层，在自重作用下已固结稳定，当受到地面连续均布荷载 p_0 作用时的情况。

由于荷载是连续均布的，则黏土层内部的竖向附加应力沿高度的分布也是均匀的，且等于荷载 p_0，即 $\sigma_z=p$，在施加外荷载瞬间，即 $t=0$ 时，由于黏性土层中的水来不及排出，整个土层中的 $u=\sigma_z$，$\sigma'=0$。经过时间 t，在 $0<t<\infty$ 中的任一时刻，黏土层中的孔隙水将逐渐排出，u 值下降，并转化为 σ'，水的排出是从黏土层层面向深处发展的。在这一转化过程中，任一时刻、任一深度上的应力始终遵循着有效应力基本原理 $p_0(\sigma_z)=\sigma'+u$。直至 $t\to\infty$ 时，黏土层中的孔隙水应力全部消散而转化为由土颗粒骨架承受的有效应力，此时 $u=0$，$\sigma'=\sigma_z$，固结稳定。

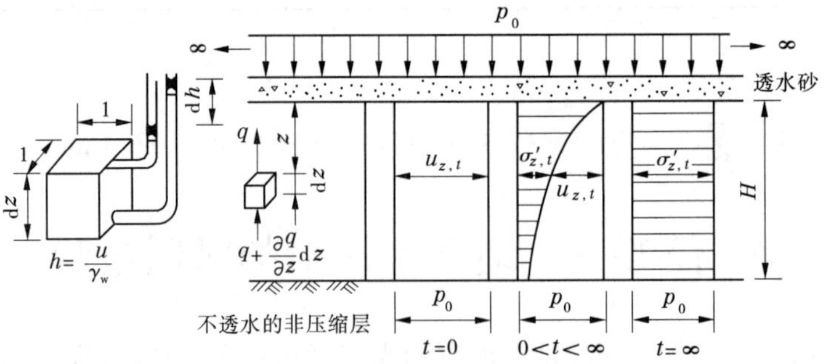

图 2-8　饱和黏性土的固结过程

为了进一步讨论孔隙水应力转化为有效应力的单向渗透固结理论，下面将引入并应用固结度的概念。所谓固结度，是指在某一固结压力作用下，经某一时段 t 后，土体发生固结或孔隙水应力消散的程度。对于图 2-8 所示的单向固结（单面排水）固结应力为均匀分布的情况来说，土层的平均固结度 U 为

$$U = 1 - \frac{\int_0^H u\mathrm{d}z}{\int_0^H u_0\mathrm{d}z} = 1 - \frac{\int_0^H u\mathrm{d}z}{p_0 H} \tag{2-18}$$

式中　p_0——固结压力，kPa；

H——最大排水距离，m，单面排水时，H 为土层厚度，双面排水时，H 为土层厚度的一半。

U 可用理论求解。在求 U 时，为使问题简化，假设土体在固结过程中，土的压缩性和渗透性都不改变，且土的压缩系数 a 和渗透系数 K 可视为常数，孔隙水向外排出的过程符合达西定律，从饱和黏土层中任意深度 z 处取一单元土体，根据单元体体积的减小应等于净流出的水量，可得到单向固结的微分方程，即

$$\frac{\partial u}{\partial t} = C_v \frac{\partial^2 u}{\partial^2 t} \tag{2-19}$$

式中　C_v——固结系数，cm^2/s，$C_v = \frac{K(1+e_1)}{a\gamma_w}$，$K$ 为土的渗透系数，e_1 为土在固结前的初始孔隙比，a 为土的压缩系数，γ_w 为水的重度。

根据单向固结的微分方程，结合一定的初始条件和边界条件，可求出 U 的解答，带入式(2-18)可得相应的固结度的计算式。

表 2-5 中的情况 1 的固结度的计算公式为

$$U = 1 - \frac{8}{\pi^2}\left(e^{-\frac{\pi^2}{4}T_v} + \frac{1}{9}e^{-9\frac{\pi^2}{4}T_v} + \cdots\right) \tag{2-20}$$

式中　e——自然对数的底；

T_v——时间因数，无量纲，$T_v = \frac{C_v t}{H^2}$；

其余符号意义同。

从式(2-20)可知，固结度 U 是时间因数 T_v 的函数，根据不同的时间因数可求得相应的固结度。表 2-5 同时列出了工程实际中可能遇到的 5 种情况下对应于各种固结度的 T_v 值。对于双面排水，不论土中附加应力如何分布，固结度均按 $\alpha = 1.0$ 的情况计算；对于单向固结，土层的平均固结度可用下式表示：

$$U = \frac{S_t}{S} \tag{2-21}$$

式中　S_t——经过时间 t 后的基础沉降量。

表 2-5 几种情况下不同固结度对应的时间因数 T_v 值

情况	1	2	3	4	5
附加应力分布	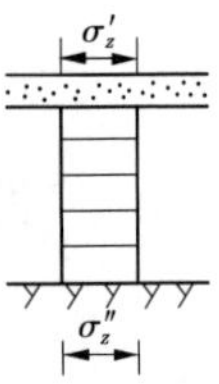	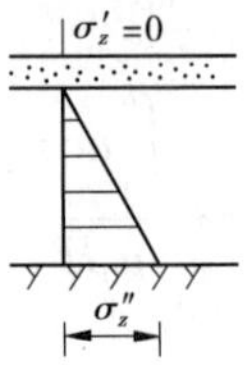	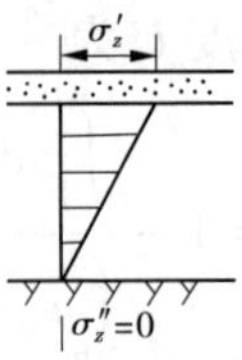	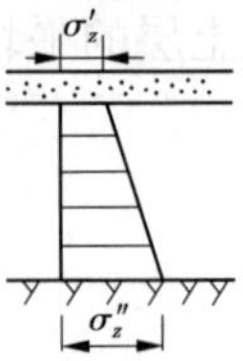	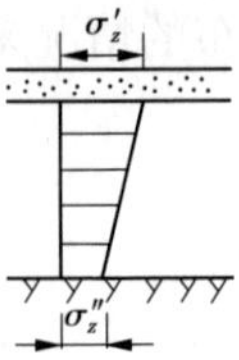
$\alpha=\sigma'_z/\sigma''_z$	1	0	∞	<1	>1

情况	$\alpha=\dfrac{\sigma'_z}{\sigma''_z}$	固结度 U										
		0	0.1	0.2	0.3	0.4	0.5	0.6	0.7	0.8	0.9	1.0
1	1.0	0	0.003	0.031	0.071	0.126	0.197	0.286	0.403	0.567	0.848	∞
2	0	0	0.049	0.101	0.154	0.217	0.290	0.384	0.501	0.665	0.946	∞
3	∞	0	0.002	0.009	0.024	0.048	0.09	0.16	0.23	0.44	0.73	∞
4	0.2	0	0.027	0.073	0.126	0.186	0.26	0.35	0.46	0.53	0.92	∞
	0.4	0	0.016	0.056	0.106	0.164	0.24	0.33	0.44	0.60	0.90	∞
	0.6	0	0.012	0.042	0.092	0.148	0.22	0.31	0.42	0.58	0.88	∞
	0.8	0	0.010	0.036	0.079	0.134	0.20	0.29	0.41	0.57	0.86	∞
5	1.5	0	0.006	0.024	0.058	0.107	0.17	0.26	0.38	0.574	0.83	∞
	2	0	0.005	0.019	0.050	0.095	0.16	0.24	0.36	0.52	0.81	∞
	3	0	0.004	0.016	0.011	0.082	0.14	0.22	0.34	0.50	0.79	∞
	4	0	0.004	0.014	0.040	0.080	0.13	0.21	0.33	0.49	0.78	∞
	5	0	0.003	0.013	0.034	0.069	0.12	0.20	0.32	0.48	0.77	∞
	7	0	0.003	0.012	0.030	0.065	0.12	0.19	0.31	0.47	0.76	∞
	10	0	0.003	0.011	0.028	0.060	0.11	0.18	0.30	0.46	0.75	∞
	20	0	0.003	0.010	0.026	0.060	0.11	0.17	0.29	0.45	0.74	∞

注：表中 σ'_z 为透水面处的附加应力；σ''_z 为不透水面处的附加应力。

【例 2-2】 某高路堤，堤基土由砂土及黏性土组成，路堤填土在黏性土中引起的附加应力分布见图 2-9，已知黏性土层的初始孔隙比为 $e_0=0.80$，压缩系数 $a=0.255\ \text{MPa}^{-1}$，渗透系数 $K=2.0$ cm/年。

试求：

(1)路堤填土一年后的沉降量；

(2)路堤沉降量达 15 cm 时所需时间。

解：(1)路堤填土一年后的沉降量：

黏性土层的附加应力值为

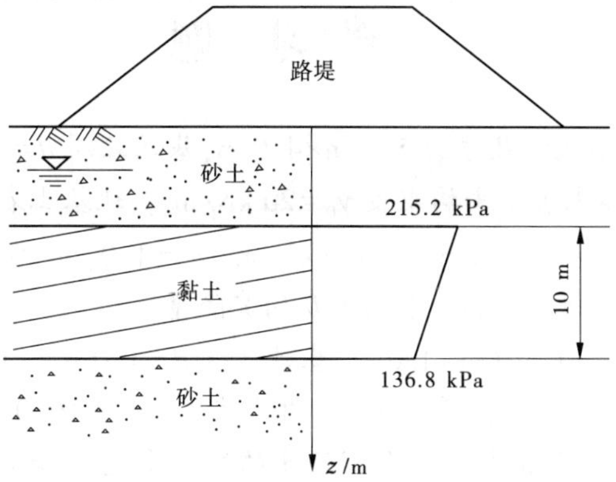

图 2-9　例 2-2 图

$$\sigma' = \frac{215.2 + 136.8}{2} = 176.0(\text{kPa})$$

路堤的最终沉降量为

$$S = \frac{a}{1+e_0}\sigma'_z h = \frac{0.255\times10^{-3}}{1+0.80}\times176.0\times1\,000 = 24.9(\text{cm})$$

固结系数为：

$$C_v = \frac{K(1+e_0)}{a\gamma_w} = \frac{2\times10^{-2}\times(1+0.80)}{0.255\times10^{-3}\times9.8} = 1.44\times10^5(\text{cm}^2/\text{年})$$

时间因数：

$$T_v = \frac{C_v t}{H^2} = \frac{1.44\times10^5\times1}{500^2} = 0.576$$

根据 $\alpha=1.0$，$T_v=0.576$，由表 2-5 得 $U=0.802$，所以路堤填土一年后的沉降量为

$$S_t = US = 0.802\times24.9 = 19.97(\text{cm})$$

(2)路基沉降量达 15 cm 时所需时间：

固结度：
$$U = \frac{S_t}{S} = \frac{15}{24.9} = 0.6$$

根据 $\alpha=1.0$，$U=0.6$，查得 $T_v=0.29$，则

$$t = \frac{T_v H^2}{C_v} = \frac{0.29\times500^2}{1.44\times10^5} = 0.5(\text{年})$$

思考题

1. 工程中采用土的压缩性指标有哪些？这些指标各用什么方法确定？各指标之间有什么关系？

2. 土体的变形有何特性？其变形量的大小与变形速率受哪些因素的影响？

习　题

1. 已知一矩形基础底面尺寸为 5.6 m×4.0 m,基础埋深 d=2.0 m。上部结构总荷重 P=6 600 kN,基础及其上填土平均重度 γ_0=20 kN/m^3。地基土表层为人工填土,γ_1=17.5 kN/m^3,厚 6.0 m;第二层为黏土,γ_2=16.0 kN/m^3,e_1=1.0, a=0.6 MPa^{-1},厚 1.6 m;第三层为卵石,E_s=25 MPa,厚 5.6 m。求黏土层的沉降量。

2. 某柱基底面尺寸为 4.0 m×4.0 m,基础埋深 d=1.0 m。上部结构传至基础顶面中心荷载 N=1 440 kN。地基为粉质黏土,土的天然重度 γ=16.0 kN/m^3,土的天然孔隙比 e=0.97。地下水位深 3.4 m,地下水位以下土的饱和重度 γ_{sat}=18.2 kN/m^3。土的压缩系数:地下水位以上 a_1=0.30 MPa^{-1},地下水位以下 a_2=0.25 MPa^{-1}。计算柱基中点的沉降量。

3. 厚度为 10 cm 的黏性土层,上下均为砂土层,地面上作用着无限均布荷载 p=180 kPa,已知黏土层的孔隙比 e_1=0.8,渗透系数 K=1.5 cm/年,压缩系数 a=0.2 MPa^{-1},试求:

(1)加荷半年后,地基的沉降量是多少?

(2)黏土层的固结度达到 50%需要多长时间?

4. 土层条件及土性指标同第 3 题,但黏土地面是不透水层。试问:

(1)加荷后地基的沉降量是多少?

(2)地基固结度达 90%需多长时间?

项目三　土体的抗剪强度

知识目标

1. 掌握土的抗剪强度及其破坏准则;
2. 理解土的极限平衡条件;
3. 掌握库仑定律公式和土的抗剪强度指标的表达方法及指标的选用,了解土的抗剪强度测试方法;
4. 理解摩尔库仑强度理论。

能力目标

1. 能够利用土的极限平衡条件分析土的状态;
2. 会用库仑定律判别土的状态;
3. 能够操作土的抗剪强度试验;
4. 能运用摩尔库仑强度理论判别土的应力状态。

思政目标

了解莫尔、库仑等科学家的伟大成就,学习他们的科学精神。

任何建筑物都要建造在土层或岩石上面,土层受到建筑物的荷载作用后,就要产生压缩变形,当变形超过了允许值时,将影响建筑物的使用功能;或者当荷载较大超过了地基土的承载能力时,将造成地基的破坏,地基丧失稳定性,从而导致整体的失稳。

修建道路、开挖基坑,斜坡(或坑壁)的稳定性对其施工和正常运营构成了威胁,为此需确定土压力的大小,进行挡土墙的设计。

为保证建筑物的安全,土体应同时满足以下两个基本要求:

(1)土体应具有足够的强度,在荷载作用后,不致因失稳而破坏;

(2)土体不能产生过大的变形而影响建筑物的安全与正常使用。

一般建筑荷载等级不大,大部分土体的强度与压缩性容易满足上述要求。但在一些地区,由于特定的地质条件,工程上常遇到软弱土体,对这种土体必须进行相应的处理,才能满足强度与变形的要求。

在地基基础及挡土结构物的设计中,保证它具有足够的可靠性是十分重要的。为此,在设计前,要充分进行调查研究,掌握必要的设计资料。一方面了解结构物的使用要求、荷载大小、结构形式；另一方面通过工程勘探，查清土体的类别、基本物理力学性质指标，确定其强度，估算其可能发生的变形。

任务一　土体的强度

土体在荷载作用下，土中应力将发生变化，当土中应力超过土的抗剪强度时，土体将沿某一滑裂面滑动，而呈现剪切破坏，使土体丧失稳定性。因此，土的强度实质就是土的抗剪强度。

一、土的抗剪强度

当土体在荷载作用下发生剪切破坏时，作用在剪切面上的极限剪应力就称为土的抗剪强度。

测定土的抗剪强度可采用直剪试验或三轴试验。通过试验可以得到土的抗剪强度 τ_f 与法向应力 σ 关系曲线如图 3-1 所示。

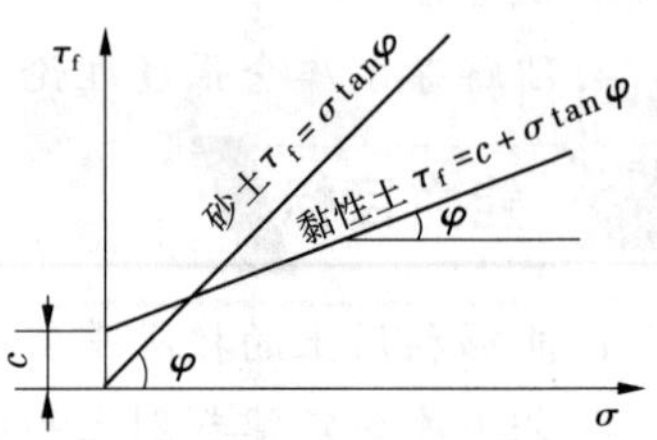

图 3-1　土的抗剪强度

对于砂土，τ_f 与 σ 的关系曲线是通过原点而与横坐标轴成 φ 角的一条直线，其方程式为

$$\tau_f = \sigma\tan\varphi \tag{3-1}$$

式中　τ_f——土的抗剪强度，kPa；

σ——法向应力，kPa；

φ——土的内摩擦角，(°)。

对于黏性土和粉土，τ_f 与 σ 的关系曲线仍为直线，但不通过原点，而与纵坐标轴形成一截距，其方程式为

$$\tau_f = \sigma\tan\varphi + c \tag{3-2}$$

式中　c——土的黏聚力，kPa。

由式(3-1)与式(3-2)看出，砂土的抗剪强度是由法向应力产生的内摩擦力 $\sigma\tan\varphi$ 形成的；而黏性土和粉土的抗剪强度是由内摩擦力和黏聚力形成的。在法向应力一定的条件下，c、φ 越大，抗剪强度 τ_f 越大，故称 c、φ 为土的抗剪强度指标。

二、土的极限平衡理论

在荷载作用下，土体内任意点都将产生应力，当通过该点某一方向的平面上的剪应力等于土的抗剪强度时，即 $\tau=\tau_f$，就称该点处于极限平衡状态。所以，土的剪切破坏条件就是土的极限平衡条件。

(一) 土中某点的应力状态

如图 3-2 所示为土体内任一微元体，其上作用有最大主应力、最小主应力 σ_1 和 σ_3，与最大主应力 σ_1 作用平面成任意角 α 的平面 mn 上的正应力 σ 和剪应力 τ 可用材料力学方法求得：

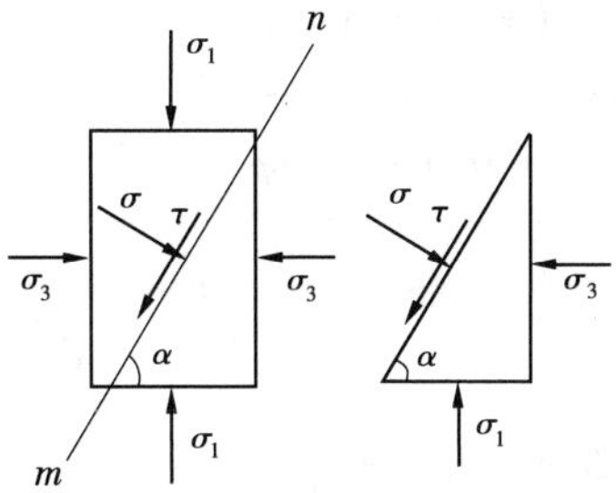

图 3-2　土中一点的应力状态

$$\sigma = \frac{1}{2}(\sigma_1 + \sigma_3) + \frac{1}{2}(\sigma_1 - \sigma_3)\cos2\alpha \tag{3-3}$$

$$\tau = \frac{1}{2}(\sigma_1 - \sigma_3)\sin2\alpha \tag{3-4}$$

或采用莫尔应力圆方法,详见例 3-1。

【例 3-1】 已知土中某点的应力状态,$\sigma_1 = 500$ kPa,$\sigma_3 = 200$ kPa,试确定与最大主应力 σ_1 作用平面成 30°角的平面上的正应力和剪应力。

解:(1)按式(3-3)、式(3-4)计算:

$$\sigma = \frac{1}{2}(\sigma_1 + \sigma_3) + \frac{1}{2}(\sigma_1 - \sigma_3)\cos2\alpha$$
$$= 1/2 \times (500 + 200) + 1/2 \times (500 - 200)\cos60° = 425(\text{kPa})$$

$$\tau = \frac{1}{2}(\sigma_1 - \sigma_3)\sin2\alpha$$
$$= 1/2 \times (500 - 200)\sin60° = 130(\text{kPa})$$

(2)按应力圆确定:

绘直角坐标系,按比例尺在横坐标轴上标出 $\sigma_3 = 200$ kPa 和 $\sigma_1 = 500$ kPa,以 $\frac{1}{2}(\sigma_1 + \sigma_3) = 350$ kPa 为圆心,$\sigma_1 - \sigma_3 = 300$ kPa 为直径画圆,从横坐标轴开始逆时针旋转 $2\alpha = 60°$角,在圆周上得 A 点(见图 3-3)。按比例量得 A 点的横坐标 $\sigma = 425$ kPa,纵坐标 $\tau = 130$ kPa。

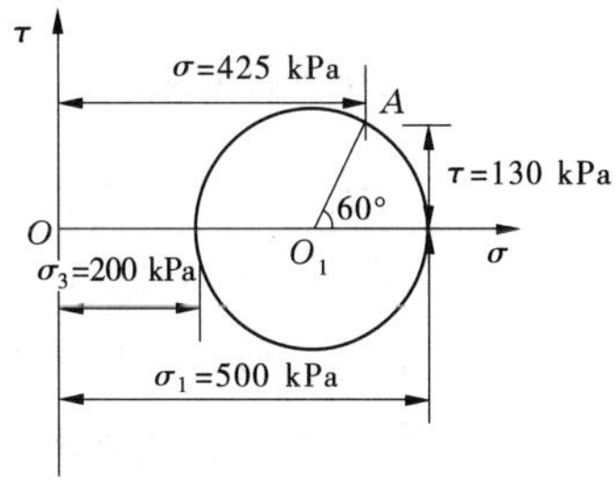

图 3-3　莫尔应力圆

(二)土的极限平衡条件

将土体中某点的应力状态的应力圆和土的抗剪强度线画在同一直角坐标系中,这样就可判断土体在这一点上是否达到极限平衡状态。如图 3-4 所示,抗剪强度线与应力圆相切,切点为 B,说明切点 B 所代表的该剪切面上的剪应力 τ 等于抗剪强度 τ_f,即表示该点土处于极限平衡状态。

根据几何关系,建立如下平衡条件:

$$\sin\varphi = \frac{|BC|}{|AO| + |OC|} = \frac{\frac{1}{2}(\sigma_1 - \sigma_3)}{\frac{1}{2}(\sigma_1 + \sigma_3) + c\cot\varphi}$$

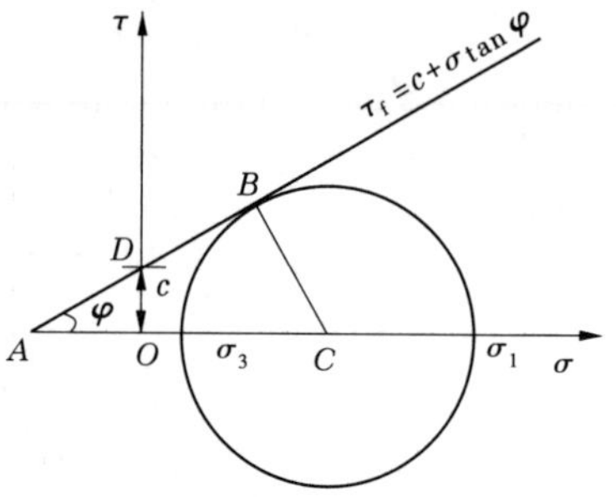

图 3-4 土的极限平衡状态

经过整理可得到：

（1）黏性土与粉土：

$$\sigma_1 = \sigma_3\tan^2(45° + \frac{\varphi}{2}) + 2c\tan(45° + \frac{\varphi}{2}) \tag{3-5}$$

或

$$\sigma_3 = \sigma_1\tan^2(45° - \frac{\varphi}{2}) - 2c\tan(45° - \frac{\varphi}{2}) \tag{3-6}$$

（2）无黏性土（$c=0$）：

$$\sigma_1 = \sigma_3\tan^2(45° + \frac{\varphi}{2}) \tag{3-7}$$

或

$$\sigma_3 = \sigma_1\tan^2(45° - \frac{\varphi}{2}) \tag{3-8}$$

任务二 抗剪强度的测定方法

土的抗剪强度是决定建筑物地基和土工建筑物稳定性的关键因素，因而正确测定土的抗剪强度指标对工程实践具有重要的意义。经过多年来的不断发展，目前已有多种测定土体抗剪强度指标的室内和现场测试仪器。室内试验常用的有直接剪切仪、三轴压缩仪、无侧限抗压仪和单剪仪等，现场试验常用的有十字板剪切仪等，每种试验仪器都有一定的适用性，在试验方法和成果整理等方面也有各自不同的做法。

一、直接剪切试验

直接剪切试验使用的仪器称为直接剪切仪（简称直剪仪），分为应变控制式和应力控制式两种，前者对试样采用等速剪应变测定相应的剪应力，后者则是对试样分级施加剪应力测定相应的剪切位移。国内普遍采用的是应变控制式直剪仪，其构造简图如图 3-5 所示。仪器由两个可互相错动的上下金属盒构成，扁圆柱形试样置于盒内上、下盒之间，试样上下各放一块透水石以利试样排水。

试验时，由杠杆系统通过加力框架对试样施加垂直压力，水平推力则由等速前进的轮轴施加于下盒，使试样在沿上、下盒水平接触面产生剪切位移。剪应力大小则根据量力环上的测微表，由率定的量力环变形值经换算确定。传压板上的测微表用于测定试样在法向应力作用下的固结变形和剪切过程中试样的体积变化。

直剪仪在等速剪切过程中，每隔一定剪切位移，测读一次试样剪应力大小，就可绘制在一定的法向应力 σ 作用下，试样剪切位移 Δl（上、下盒水平相对位移）与剪应力 τ 的对

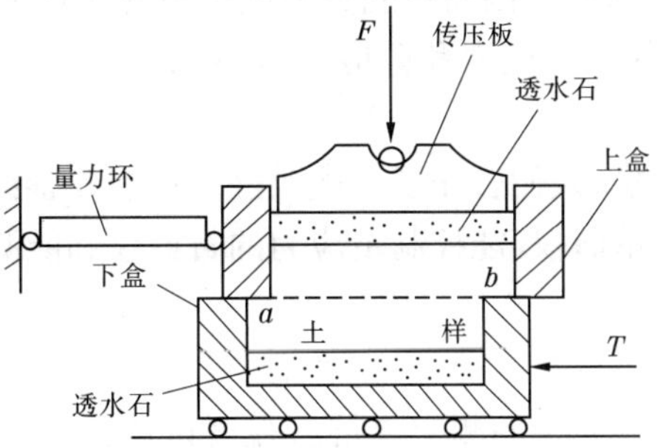

图 3-5　应变控制式直剪仪

应关系[见图 3-6(a)],硬黏土和密实砂土的 $\tau-\Delta l$ 曲线[见图 3-6(a)]A 线]可出现剪应力的峰值 τ_{fp},即为土的抗剪强度。峰后强度随剪切位移增大而降低,称为应变软化特征。软黏土和松砂的 $\tau-\Delta l$ 曲线[见图 3-6(a)B 线],则往往不出现峰值,强度随剪切位移增加而缓慢增大,称为应变硬化特征,此时应按某一剪切位移值作为控制破坏的标准,如一般可取相应于 4 mm 剪切位移量的剪应力作为土的抗剪强度值 τ_f。

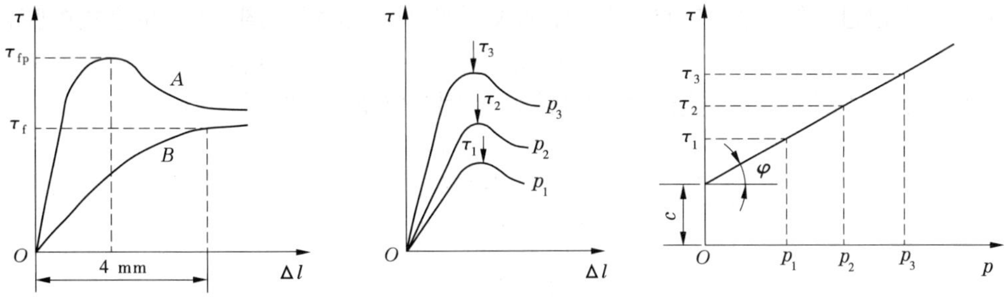

(a)不同类型剪应力与剪位移曲线　(b)不同荷载下剪应力与剪位移曲线　(c)直剪试验结果

图 3-6　直接剪切试验

要绘制某种土的抗剪强度包线,以确定其抗剪强度指标,至少应取 3 个试样,在不同的垂直压力 p_1、p_2、p_3(一般可取 100 kPa、200 kPa、300 kPa)作用下测得相应的$\tau-\Delta l$ 曲线[见图 3-6(b)],按上述原则确定对应的抗剪强度 τ_f 值,从而绘出库仑强度包线,绘图时必须使纵横坐标的比例尺相一致。该线与横轴的夹角即为土的内摩擦角 φ,在纵轴上的截距即为土的黏聚力 c[见图 3-6(c)]。

直剪仪具有构造简单、操作简便等优点,并符合某些特定条件,至今仍是工程中常用的一种试验仪器。但该试验也存在如下缺点:

(1)剪切过程中试样内的剪应变和剪应力分布不均匀。试样剪破时,靠近剪力盒边缘的应变量大,而试样中间部位的应变相对小得多,此外,剪切面附近的应变又大于试样顶部和底部的应变,基于同样的原因,试样中的剪应力也是很不均匀的。

(2)破坏面人为地限制在上、下盒接触面上,而该平面不一定是最软弱的剪切面。

(3)剪切过程中试样面积逐渐减小,且垂直荷载发生偏心,但计算抗剪强度时却按受剪面积不变和剪应力均匀分布计算。

(4)不能严格控制排水条件,因而不能量测试样中的孔隙水压力。

(5)根据试样破坏时的法向应力和剪应力,虽可算出大、小主应力 σ_1、σ_3 的数值,但土中主应力 σ_2 无法确定。

针对直剪仪的上述缺陷,人们曾作了一些改进。如能改善试样中的应力均匀程度,并外套橡皮膜以控制排水的单剪仪,能控制主应力的直剪仪和能测定残余强度的环剪仪等。

二、三轴压缩试验

三轴压缩试验是一种较完善的测定土抗剪强度试验方法,与直接剪切试验相比较,三轴压缩试验试样中的应力相对比较明确和均匀。三轴剪力仪同样分应变控制式和应力控制式两种,应变式三轴剪力仪由压力室、轴向加压系统、周围压力系统和孔隙水压力量测系统等构成。目前较先进的三轴剪力仪还配备有自动化控制、电测和数据自动采集系统等。应变式三轴剪力仪的构造简图如图 3-7 所示。其核心部分是压力室,它是由一个金属活塞、底座和透明有机玻璃圆筒组成的封闭容器;轴向加压系统用以对试样施加轴向附加压力,并可控制轴向应变的速率;周围压力系统则通过液体(通常是水)对试样施加周围压力,试样为圆柱形,并用橡皮膜包裹起来,以使试样中的孔隙水与膜外压力水完全隔开。试样中的孔隙水通过其底部的透水面与孔隙水压力量测系统连通,并由孔隙水压力阀门控制。

码 3-1　动画-三轴压缩试验

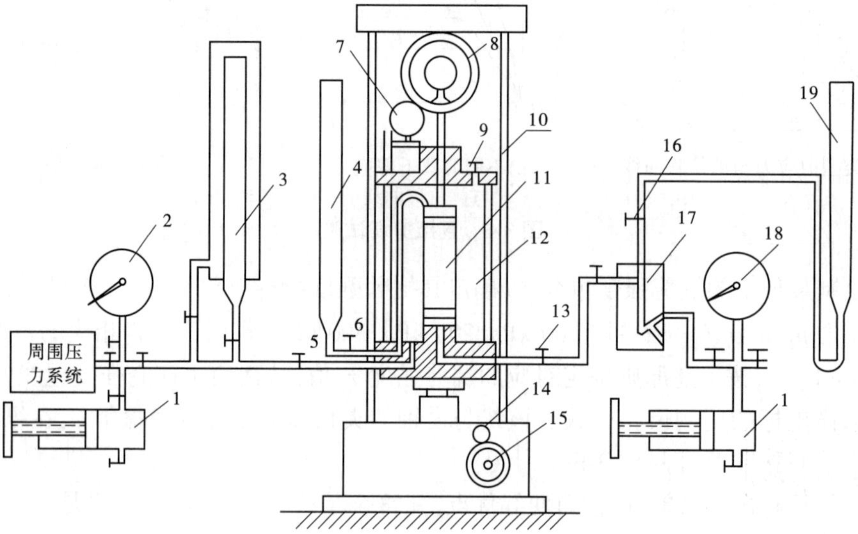

1—调压筒;2—周围压力表;3—体变管;4—排水管;5—周围压力阀;6—排水阀;7—变形量表;8—量力环;9—排气孔;10—轴向加压设备;11—试样;12—压力室;13—孔隙压力阀;14—离合器;15—手轮;16—量管阀;17—零位指示器;18—孔隙水压力表;19—量管。

图 3-7　三轴剪力仪的构造简图

试验时,先打开周围压力系统阀门,使试样各向受周围压力 σ_3,并维持不变[见图 3-8(a)],然后由轴压系统通过活塞对试样施加轴向附加压力 $\Delta\sigma$($\Delta\sigma=\sigma_1-\sigma_3$,称为偏应力)。试验过程中,$\Delta\sigma$ 不断增大,而 σ_3 维持不变,试样的轴向应力(大主应力)σ_1($\sigma_1=\sigma_3+\Delta\sigma$)也不断增大,其莫尔应力圆亦逐渐扩大至极限应力圆,试样最终被剪破[见图 3-8(b)],极限应力圆可由试样剪破时的 σ_{1f} 和 σ_{3f} 做出[见图 3-8(c)中实线圆]。

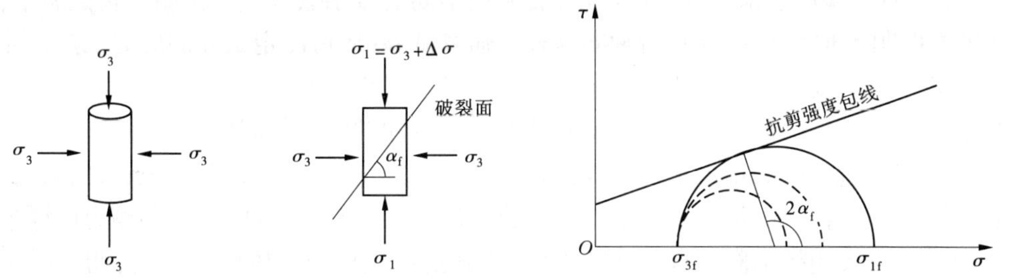

(a)试样受周围压力　　(b)破坏时试样上的主应力　　(c)试样破坏时的莫尔应力圆

图 3-8　三轴压缩试验土样受力情况

在给定的周围压力 σ_3 作用下,一个试样的试验只能得到一个极限应力圆。一种土样至少需要 3 个试样在不同的 σ_3 作用下进行试验,方能得到一组极限应力圆,绘极限应力圆的公切线,即为该土样的抗剪强度包线。它通常呈直线状,与横坐标的夹角即为土的内摩擦角 φ,与纵坐标的截距即为土的黏聚力 c,如图 3-9(b)所示。

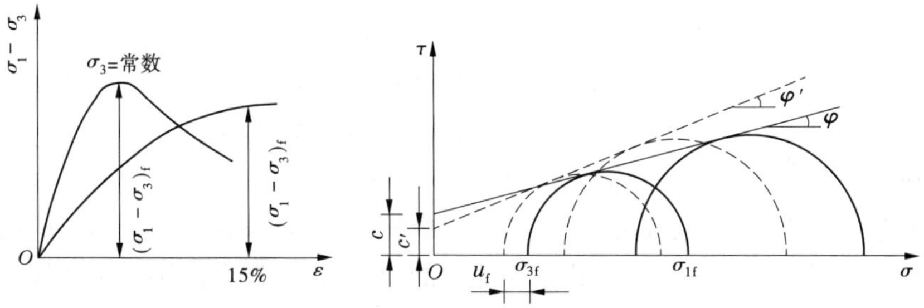

(a) $\Delta\sigma-\varepsilon$ 关系曲线　　(b)三轴试验强度包线

图 3-9　三轴试验曲线

在三轴试验中可测得孔隙水应力,且各向是相等的,于是就可算出试验过程中的有效大主应力和有效小主应力。剪破时的有效主应力可按以下公式计算:

$$\sigma'_{1f}=\sigma_{1f}-u_f \tag{3-9}$$

$$\sigma'_{3f}=\sigma_{3f}-u_f \tag{3-10}$$

式中　σ'_{1f}——剪破时的有效大主应力;

σ'_{3f}——剪破时的有效小主应力;

u_f——剪破时的孔隙水应力。

根据 σ'_{1f}和 σ'_{3f}就可绘制剪破时的有效应力圆。显然,有效应力圆的直径 $\sigma'_{1f}-\sigma'_{3f}$就等于总应力圆的直径 $\sigma_{1f}-\sigma_{3f}$,这意味着有效应力圆与总应力圆的大小相同,只是当剪破时的孔隙水应力为正值时,有效应力圆在总应力圆的左边;当剪破时的孔隙水应力为负值时,有效应力圆就在总应力圆的右边。根据剪破时一组有效应力圆,作公切线,即得有效应力强度包线,它与坐标轴的截距为有效黏聚力 c',与横坐标的夹角为有效内摩擦角 φ',见图 3-9(b)中的虚线。

三轴压缩试验可根据工程目的的不同,采用不同的排水条件进行试验。在试验中,既能使试样沿轴向压缩,也能令其沿轴向伸长。通过试验,还可测定试样的应力、应变、体积应变、孔隙水压力变化和静止侧压力系数等。如试样的轴向应变可根据其轴向位移量和试样高度算得,试样的侧向应变可根据其体积变化量和轴向应变间接算得,对饱和试样而言,试样在试验过程中的排水量即为其体积变化量。排水量可通过打开排水阀门,让试样中的水排入量水管,并由量水管中水位的变化算出。在不排水条件下,如要测定试样中的孔隙水压力,可关闭排水阀。打开孔隙水压力阀门,待试样施加轴向压力后,调整零位指示器的水银面始终保持原来的位置,从孔隙水压力表中即可读出孔隙水压力值,有的可直接从孔压传感器中显示。三轴压缩试验可供在复杂应力条件下研究土的抗剪强度特性之用,其突出优点有以下方面:

(1)试验中能严格控制试样的排水条件,准确测定试样在剪切过程中孔隙水压力变化,从而可定量获得土中有效应力的变化情况。

(2)与直剪试验相比,试样中的应力状态较为明确和均匀,没有硬性指定破裂面位置。

(3)除抗剪强度指标外,还可测定如土的灵敏度、侧压力系数、孔隙水压力系数等力学指标。

但三轴压缩试验也存在试样制备和试验操作比较复杂、试样中的应力与应变仍然不够均匀的缺点。由于试样上、下端的侧向变形分别受到刚性试样帽和底座的限制,而在试样的中间部分却不受约束,因此当试样接近破坏时,试样常被挤压成鼓形。此外,目前所谓的三轴试验,一般都是在轴对称的应力应变条件下进行的。许多研究报告表明,土的抗剪强度受到应力状态的影响,在实际工程中,油罐和圆形建筑物地基的应力分布属于轴对称应力状态,而路堤、土坝和长条形建筑物地基的应力分布属于平面应变状态,一般方形和矩形建筑物地基的应力分布则属三向应力状态。有人曾利用特制的仪器进行 3 种不同应力状态下的强度试验,发现同种土在不同应力状态下的强度指标并不相同。如对砂土所进行的许多对比试验表明,平面应变状态下砂土的 φ 值较轴对称应力状态下约高出 3°,因而三轴压缩试验结果不能全面反映主应力 σ_2 的影响。若想获得更合理的抗剪强度参数,须采用真三轴仪,其试样可在 3 个互不相同的主应力($\sigma_1 \neq \sigma_2 \neq \sigma_3$)作用下进行试验。

思考题

1. 何谓土的抗剪强度?砂土与黏性土的抗剪强度表达式有何不同?为什么说土的抗剪强度不是一个定值?

2. 简述抗剪强度理论的要点。

3. 简述影响土抗剪强度的主要因素。

4. 土体中发生剪切破坏的平面是不是剪应力最大的平面？在什么情况下，破裂面与最大剪应力面是一致的？一般情况下，破裂面与大主应力面成什么角度？

5. 简述室内确定土抗剪强度指标的基本方法及这些方法的特点。

6. 简述直剪试验和三轴试验的优缺点。

7. 为什么直剪试验要分快剪、固结快剪及慢剪？这三种试验结果有何差别？

习　题

1. 已知地基土中某点的最大主应力为 $\sigma_1=600$ kPa，最小主应力 $\sigma_3=200$ kPa。绘制该点应力状态的莫尔应力圆。求最大剪应力 τ_{max} 值及其作用面的方向，并计算与大主应面成夹角 $\alpha=15°$ 的斜面上的正应力和剪应力。

2. 一饱和黏性土试样在三轴仪中进行固结不排水试验，施加周围压力 $\sigma_3=200$ kPa，试件破坏时的主应力差 $\sigma_1-\sigma_3=280$ kPa，测得孔隙水压力 $u_f=180$ kPa，如果破坏面与水平面的夹角为 57°，试求破坏面上的法向应力和剪应力及试件中的最大剪应力。

项目四 土压力

知识目标

1. 理解三种土压力的概念及产生条件；

2. 掌握朗肯土压力和库仑土压力理论，能根据实际情况，简化计算各种情况下的土压力；

3. 了解经典理论的误差，了解两种土压力理论的区别。

能力目标

1. 会用朗肯土压力理论计算挡土结构物的土压力；

2. 会用库仑土压力理论计算挡土结构物的土压力。

思政目标

了解朗肯等科学家的成就，激发学习动力。

任务一　概　述

土建工程中许多构筑物如挡土墙、隧道和基坑围护结构等挡土结构起着支撑土体，保持土体稳定，使之不致坍塌的作用；而另一些构筑物(如桥台等)则受到土体的支撑，土体起着提供反力的作用。在这些构筑物与土体的接触面处均存在侧向压力的作用，这种侧向压力就是土压力。

码 4-1
土压力概述

一、土压力的分类

作用在挡土墙上的土压力，按挡土墙的位移方向、大小及墙后土体所处的状态，可分为三种，即静止土压力、主动土压力和被动土压力。

比较经典的土压力计算方法有朗肯土压力理论与库仑土压力理论，其中朗肯土压力计算采用土的强度理论，根据极限平衡条件求解；库仑土压力是根据静力平衡条件来求解的。本节主要介绍朗肯土压力理论和库仑土压力理论。

二、静止土压力计算

如果挡土墙在土压力作用下墙本身不发生变形和任何位移(移动或转动)、墙后土体处于弹性平衡状态[见图 4-1(a)],则这时作用在挡土墙上的土压力称为静止土压力。以 E_0 表示静止土压力。

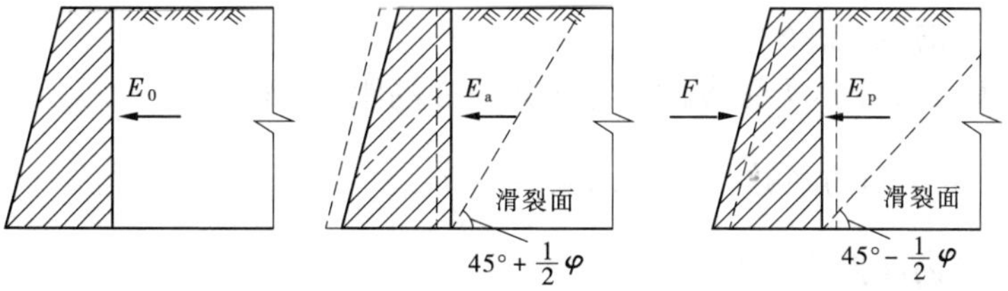

(a)静止土压力　　(b)主动土压力　　(c)被动土压力

图 4-1　土压力分类

在土体内深度为 z 处的静止土压力强度,可按下式计算:

$$p_0 = K_0\gamma z \tag{4-1}$$

式中　p_0——静止土压力强度,kPa;

K_0——静止土压力系数,$K_0=\dfrac{\mu}{1-\mu}$, μ 为泊松比;

γ——土体重度,kN/m^3;

z——计算静止土压力的点的深度,m。

静止土压力强度呈三角形分布。作用在单位墙长上的静止土压力可以由土压力分布图形的面积确定,静止土压力 E_0 的作用点距墙底 $\frac{1}{3}h$ 处。

任务二　朗肯土压力理论

一、主动土压力

码 4-2　朗肯土压力

关于主动土压力计算,英国科学家朗肯假定挡土墙背竖直、光滑,其后土体表面水平,并无限延伸。

现考察挡土墙后土体表面下 z 深处的微分土体的应力状态。设挡土墙在土压力作用下,离开土体方向向前逐渐位移。这时,作用在微分土体上的竖向应力 γz 保持不变,而水平应力逐渐减小,如墙继续位移,墙后土体就处于极限平衡状态。这时,作用在微分土体上的最大主应力 σ_1 仍为 γz,而最小主应力 σ_3 则为作用在挡土墙上的主动土压力强度。

根据土的极限平衡条件,作用在挡土墙上的主动土压力强度为

砂土:

$$p_a = \gamma z \cdot \tan^2(45° - \frac{\varphi}{2}) = \gamma z K_a \tag{4-2}$$

黏性土与粉土：

$$p_a = \gamma z \cdot \tan^2(45° - \frac{\varphi}{2}) - 2c \times \tan(45° - \frac{\varphi}{2}) = \gamma z K_a - 2c\sqrt{K_a} \tag{4-3}$$

式中 p_a——主动土压力强度，kN/m^2；

γ——土体的重度，kN/m^3；

z——计算主动土压力强度的点至土体表面的距离，m；

K_a——主动土压力系数，$K_a = \tan^2(45°-\frac{\varphi}{2})$；

φ——土的内摩擦角，(°)；

c——土的黏聚力，kN/m^2。

发生主动土压力时的滑裂面与水平面的夹角为 $45° + \frac{\varphi}{2}$，见图 4-1(b)。

由式(4-2)可知，砂土主动土压力强度 p_a 与深度 z 成正比，沿墙高的压力分布呈三角形[见图 4-2(a)]。

由式(4-3)可知，黏性土与粉土的土压力强度由两部分组成：一部分是由土自重引起的土压力强度 $\gamma z K_a$；另一部分是由黏聚力 c 引起的负侧压力强度 $-2c\sqrt{K_a}$。两部分叠加后的土压力强度分布图如图 4-2(b)所示。其中，用虚线表示的部分 ade 为负的土压力，即对墙背产生拉力。实际上，墙背与土体之间并不能承受拉力，应把它略去不计，故黏性土与粉土的主动土压力强度分布图应为绘有实线箭头的三角形部分 abc。由土体表面至 a 点的距离 z_0，可令式(4-3)中 $p_a=0$ 求得：

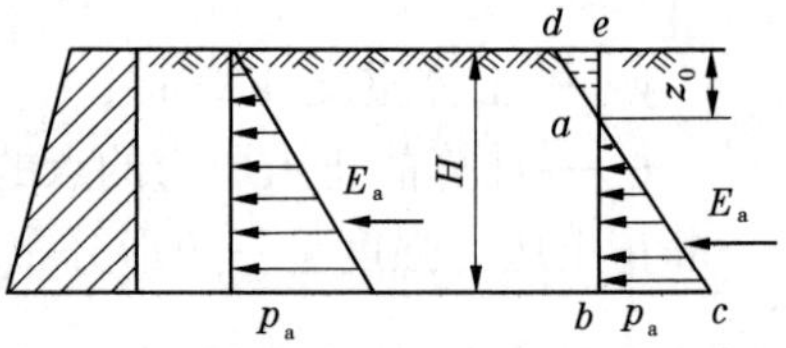

(a)砂土 (b)黏性土

图 4-2 主动土压力强度分布图

$$z_0 = \frac{2c}{\gamma\sqrt{K_a}} \tag{4-4}$$

作用在单位长的挡土墙上的主动土压力 E_a(kN)可由土压力实际分布图形的面积确定。

主动土压力 E_a 的作用线通过三角形压力图形的形心，距墙底距离，砂土为 $\frac{1}{3}H$，黏性土和粉土为 $\frac{1}{3}(H-z_0)$。

【例 4-1】 有一挡土墙，高 6 m，墙背直立、光滑，墙后填土面水平。填土为黏性土，其重度 $\gamma=17\ kN/m^3$，内摩擦角 $\varphi=20°$，黏聚力 $c=8$ kPa。试求主动土压力及其作用点，并绘出主动土压力分布图。

解：主动土压力系数 $K_a = \tan^2\left(45°-\frac{\varphi}{2}\right) = \tan^2\left(45°-\frac{20°}{2}\right) = 0.49$

墙底土压力强度　　$p_a=\gamma hK_a-2c\sqrt{K_a}=17\times6\times0.49-2\times8\times\sqrt{0.49}=38.8(\text{kPa})$

临界深度　　$$z_0=\frac{2c}{\gamma\sqrt{K_a}}=\frac{2\times8}{17\times\sqrt{0.49}}=1.34(\text{m})$$

主动土压力合力　　$E_a=\frac{1}{2}(h-z_0)p_a=\frac{1}{2}\times(6-1.34)\times38.8=90.4(\text{kN/m})$

主动土压力合力作用点距墙底的距离$=\frac{h-z_0}{3}=\frac{6-1.34}{3}=1.55(\text{m})$

主动土压力分布图如图4-3所示。

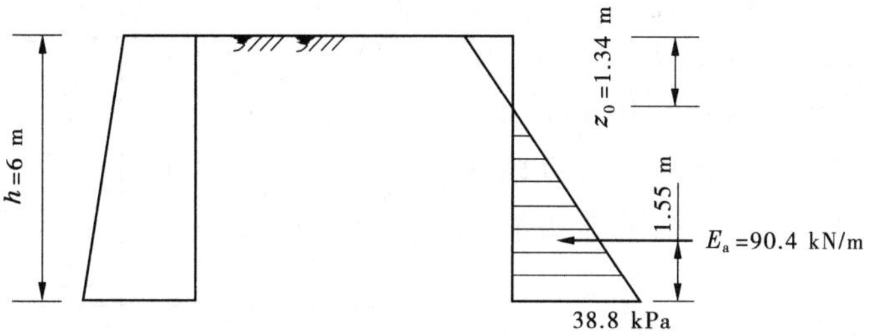

图4-3　例4-1图

二、被动土压力

如果挡土墙在外力作用下(例如拱桥支座水平推力),墙向土体方向位移,墙后土体被压缩。这时作用在微分土体上的竖向应力 γz 不变,而水平应力则由静止土压力逐渐增大,如墙继续位移并达到某一数值时,则墙后土体就处于极限平衡状态[见图4-3(c)]。这时,作用在微分土体上的 γz 变为最小主应力 σ_3,而水平应力则为最大主应力 σ_1,也就是作用在挡土墙上的被动土压力。

根据土的极限平衡条件,作用在挡土墙上的被动土压力强度为

无黏性土:

$$p_p=\gamma z\tan^2(45°+\frac{\varphi}{2})=\gamma zK_p \tag{4-5}$$

黏性土与粉土:

$$p_p=\gamma z\tan^2(45°+\frac{\varphi}{2})+2c\tan(45°+\frac{\varphi}{2})=\gamma zK_p+2c\sqrt{K_p} \tag{4-6}$$

式中　p_p——被动土压力强度,kPa;

K_p——被动土压力系数,$K_p=\tan^2(45°+\frac{\varphi}{2})$;

其余符号意义同前。

发生被动土压力时的滑裂面与水平面的夹角为 $45°-\frac{\varphi}{2}$,见图4-1(c)。

由式(4-5)、式(4-6)可知,无黏性土被动土压力强度分布呈三角形,而黏性土与粉土

的被动土压力强度分布为梯形，见图 4-4。

作用在单位墙长上的被动土压力 E_p(kN)，可由土压力分布图形的面积确定，被动土压力 E_p 作用线通过土压力强度分布图的形心。

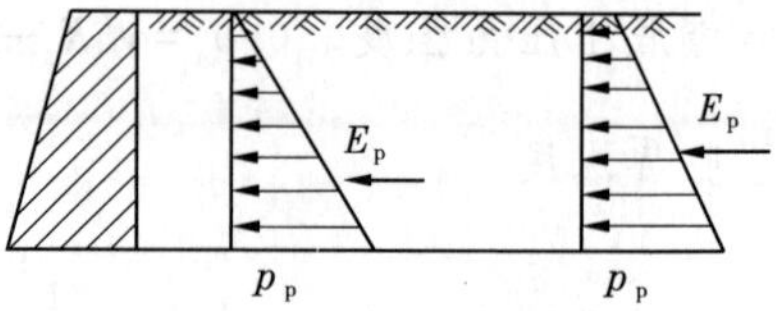

图 4-4　被动土压力强度分布图

由上文的分析可见，在墙高、土体物理力学性质指标相同条件下，主动土压力最小，被动土压力最大，静止土压力居中，即

$$E_a < E_0 < E_p$$

【**例 4-2**】　某挡土墙高 5 m，墙背铅直光滑，填土面水平，如图 4-5 所示。墙后填土物理力学性质指标为：$c = 10$ kPa，$\varphi = 20°$，$\gamma = 18$ kN/m³。绘出被动土压力强度分布图并求出土压力合力大小，指出其方向和作用点的位置。

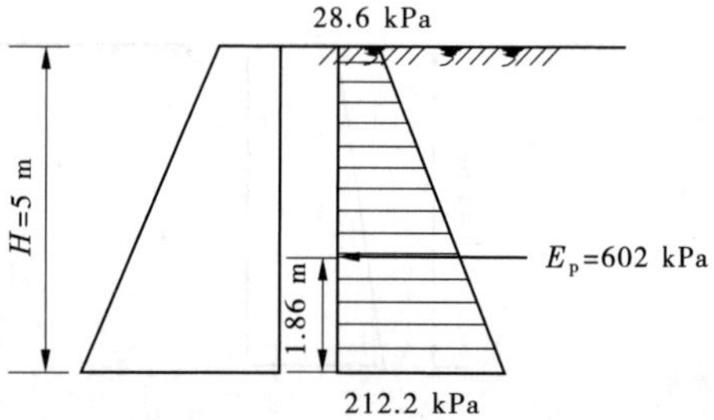

图 4-5　例 4-2 图

解：(1) 求被动土压力系数。

$$K_p = \tan^2\left(45° + \frac{20°}{2}\right) = 2.04$$

(2) 计算墙顶和墙踵处的被动土压力强度。

墙顶处：

$$P_p = 2c\sqrt{K_p} = 2 \times 10 \times \sqrt{2.04} = 28.6(\text{kPa})$$

墙踵处土压力强度为

$$P_p = \gamma H K_p + 2c\sqrt{K_p} = 18 \times 5 \times 2.04 + 2 \times 10 \times \sqrt{2.04} = 212.2(\text{kPa})$$

被动土压力强度分布如图 4-5 所示。

$$E_p = 28.6 \times 5 + \frac{1}{2} \times (212.2 - 28.6) \times 5 = 143 + 459 = 602(\text{kN/m})$$

方向为垂直指向墙背，作用点距墙踵距离为

$$y_c = \frac{143 \times \frac{5}{2} + 459 \times \frac{5}{3}}{602} = 1.86(\text{m})$$

三、几种常见土压力计算

(一) 填土面有均布荷载

当填土面上作用均布荷载 q 时，如图 4-6 所示，根据式(4-3)的推导方法，墙后距填土面为 z 深度处一点的大主应力(竖向) $\sigma_1 = q + \gamma z$，小主应力 $\sigma_3 = P_a$，于是根据土的极限平衡条件可得：

黏性土：

$$P_a = (q + \lambda z)K_a - 2c\sqrt{K_a} \tag{4-7}$$

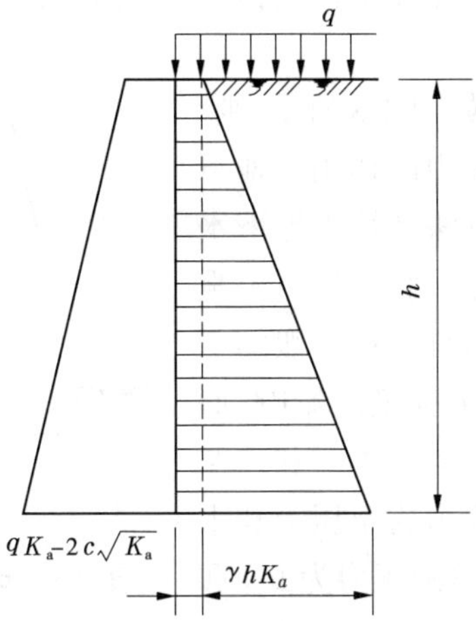

图 4-6　填土面上均布荷载作用的土压力计算

砂土：

$$\sigma_a = (q + \lambda z)K_a \tag{4-8}$$

当填土为黏性土时，令 $z = z_0$，$P_a = 0$ 带入式(4-7)可得临界深度计算公式为：

$$z_0 = \frac{2c}{\gamma\sqrt{K_a}} - \frac{q}{\gamma} \tag{4-9}$$

若荷载 q 较大，则式(4-9)计算的 z_0 会出现负值，说明此时在墙顶处存在土压力，其值可通过令 $z=0$ 由式(4-7)求得：

$$P_a = qK_a - 2c\sqrt{K_a} \tag{4-10}$$

（二）成层填土情况

如图 4-7 所示，挡土墙后填土由几种性质不同的土层组成，在计算土压力时将受到不同填土性质的影响。当满足朗肯理论的基本假设时，仍可用朗肯理论进行计算。若要求某深度 z 处的土压力，只需求出该点的竖向应力，再乘以该点所在土层的土压力系数。假设图 4-6 填土为无黏性土，则主动土压力计算如下：

$$P_{a0} = 0$$

$$P_{a1上} = \gamma_h h_1 K_{a1}$$

$$P_{a1下} = \gamma_h h_1 K_{a2}$$

$$P_{a2上} = (\gamma_1 h_1 + \gamma_2 h_2)K_{a2}$$

$$P_{a2下} = (\gamma_1 h_1 + \gamma_2 h_2)K_{a3}$$

$$P_{a3上} = (\gamma_1 h_1 + \gamma_2 h_2 + \gamma_3 h_3)K_{a3}$$

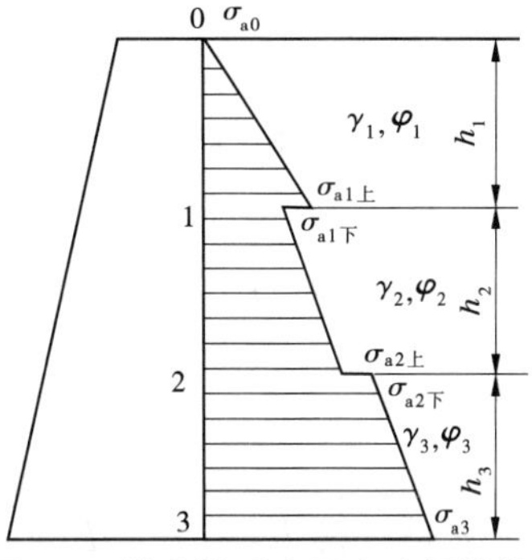

图 4-7　挡土墙后土压力之间的关系

由于各层土的性质不同，其压力系数也不相同，因此在土层的分界面上，土压力强度有两个数值，即土压力在层面处有突变。图 4-7 中，1 点处 $K_{a1} > K_{a2}$，

2 点处 $K_{a2}<K_{a3}$。若墙后土体为黏性土，其主动土压力强度应扣除 $2c\sqrt{K_a}$。

（三）墙后填土有地下水

填土中若有地下水存在，如图 4-8 所示，则墙背同时受到土压力和静水压力的作用。地下水位以上的土压力可按前述方法计算。地下水位以下的土层压力，应考虑地下水引起填土重度的减少及抗剪强度改变的影响。在一般的工程中，可不计地下水对土体抗剪强度的影响，而只需以有效重度和土体原有的黏聚力 c 和内摩擦角 φ 来计算土压力。总侧压力为土压力和水压力之和，挡土墙底位置处的总侧压力为 $P_{a上}$ 和 $P_{a水}$ 之和。

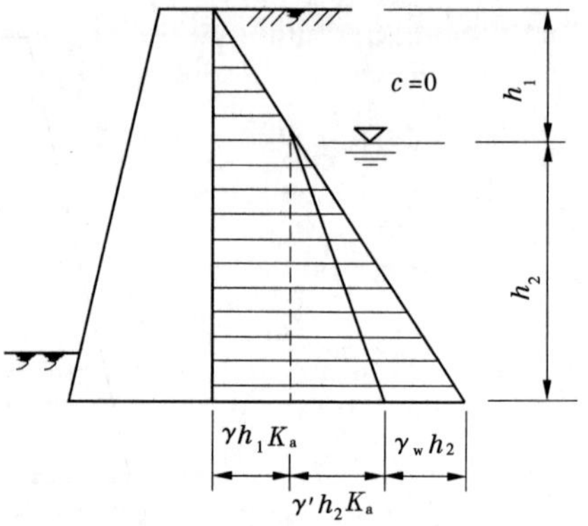

图 4-8　填土中有地下水的土压力计算

$$P_a = P_{a上} + P_{a水} = (\gamma_1 h_1 + \gamma' h_2)K_a + \gamma_w h_2 \tag{4-11}$$

【例 4-3】　有一挡土墙高为 5 m，墙背直立、光滑，墙后填土面水平，其上作用有均布荷载 $q=10$ kPa（见图 4-9）。填土的物理力学指标为：$\varphi=24°$，$c=6$ kPa，$\gamma=18$ kN/m³。求主动土压力 E_a≥0.8 m，并绘出主动土压力强度分布图。

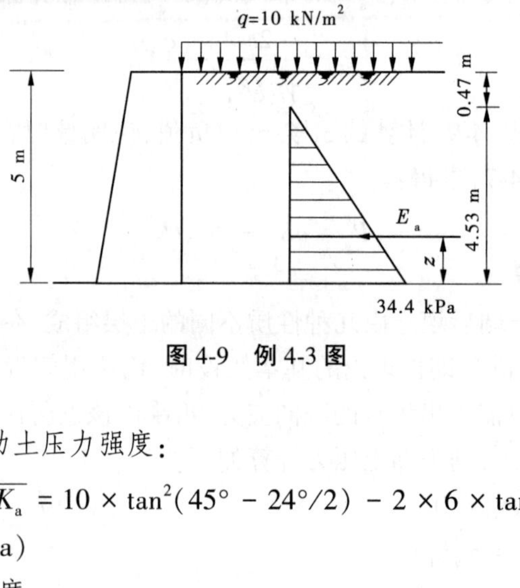

图 4-9　例 4-3 图

解：填土表面处主动土压力强度：

$$P_{a1} = qK_a - 2c\sqrt{K_a} = 10\times\tan^2(45° - 24°/2) - 2\times 6\times\tan^2(45° - 24°/2)$$
$$= -3.58\ (\text{kPa})$$

墙底处的土压力强度：

$$P_{a2} = (q+\gamma h)K_a - 2c\sqrt{K_a} = -3.58 + 18\times 5\times\tan^2(45° - 24°/2) = 34.4(\text{kPa})$$

临界深度：
$$z_0 = \frac{3.58}{34.4+3.58} = 0.47(\text{m})$$

总主动土压力：
$$E_a = \frac{1}{2}\times 34.4\times 4.53 = 77.9(\text{kN/m})$$

土压力作用点位置：
$$z = \frac{1}{3}\times(5-0.47) = 1.51(\text{m})$$

【**例 4-4**】 有一挡土墙高为 5 m，墙背直立、光滑，墙后填土面水平，且分两层。各层土的物理力学性质指标如图 4-10 所示。试求主动土压力合力 E_a，并绘制出主动土压力 E_a 的分布图。

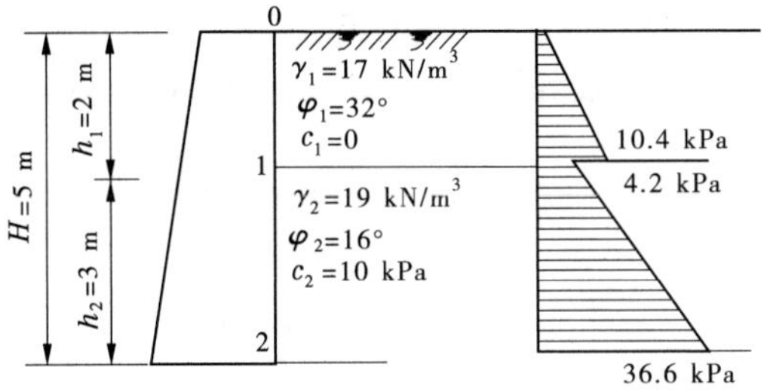

图 4-10 例 4-4 图

解：(1) 各层土上、下面处的 P_a：

$P_{a0}=\gamma z\tan^2(45°-\varphi_1/2)=0$

$P_{a1}=\gamma_1 h_1\tan^2(45°-\varphi_1/2)=17\times2\times\tan^2(45°-32°/2)=10.4(\text{kPa})$

$P_{a2}=(\gamma_1h_1+\gamma_2h_2)\tan^2(45°-\varphi_2/2)-2c_2\tan^2(45°-\varphi_2/2)$

$=(17\times2+19\times3)\times\tan^2(45°-16°/2)-2\times10\times\tan^2(45°-16°/2)$

$=36.6(\text{kPa})$

$P_{a1下}=\gamma_1h_1\tan^2(45°-\varphi_2/2)-2c_2\tan^2(45°-\varphi_2/2)$

$=17\times2\times\tan^2(45°-16°/2)-2\times10\times\tan^2(45°-16°/2)$

$=4.2(\text{kPa})$

(2) 主动土压力合力：

$$E_a=\frac{1}{2}\times P_{a1上}\,h_1+\frac{1}{2}\times(P_{a1下}+P_{a2})h_1$$

$$=\frac{1}{2}\times10\times2+\frac{1}{2}\times10\times2+\frac{1}{2}\times(4.2+36.6)\times3=71.6(\text{kN/m})$$

任务三 库仑土压力理论

一、基本原理

库仑(C. A. Coulomb)在 1776 年提出的土压力理论，由于其计算原理比较简明，适应性较广，因此至今仍得到广泛应用。

库仑土压力理论假定挡土墙墙后的填土是均匀的砂性土，当墙背离土体移动或推向土体时，墙后土体即达到极限平衡状态，其滑动面是通过墙脚 *B* 的二组平面(见图 4-11)，一个是沿墙背的 *AB* 面，另一个是产生在土体中的 *BC* 面。假定滑动土楔 *ABC* 是刚体，根据土楔 *ABC* 的静力平衡条件，按平面问题解得作用在挡土墙的土压力。因此，也有人把库仑土压力理论称为滑楔土压力理论。

码 4-3　库仑土压力

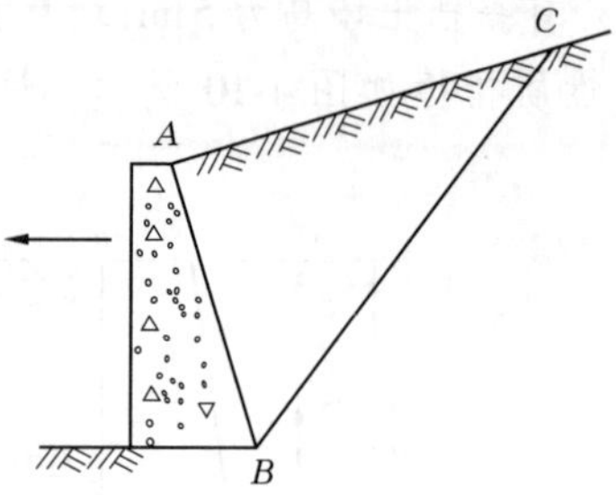

图 4-11　库仑土压力理论

二、主动土压力计算

如图 4-12 所示的挡土墙，已知墙背 AB 倾斜，与竖直线的夹角为 ε；填土表面 AC 是一平面，与水平面的夹角为 β。当挡土墙在填土压力作用下离开填土向外移动，当墙后土体达到极限平衡状态时（主动状态），土体中产生两个通过墙脚 B 的滑动面 AB 及 BC。若滑动面 BC 与水平面间夹角为 α，取单位长度挡土墙，把滑动土楔 ABC 作为脱离体，考虑其静力平衡条件，作用在滑动土楔 ABC 上的作用力有：

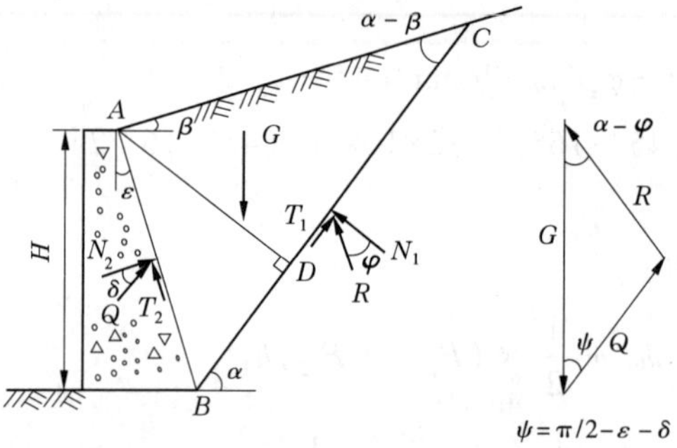

图 4-12　库仑主动土压力计算

（1）土楔 ABC 的重力 G。若 α 值已知，则 G 的大小、方向及作用点位置均已知。

（2）土体作用在滑动面 BC 上的反力 R。R 是 BC 面上摩擦力 T_1 与法向反力 N_1 的合力，它与 BC 面的法线间的夹角等于土的内摩擦角 φ。由于滑动土楔 ABC 相对于滑动面 BC 右边的土体是向下移动，故摩擦力 T_1 的方向向上，R 的作用方向已知，大小未知。

（3）挡土墙对土楔的作用力 Q。它与墙背法线间的夹角等于墙背与填土间的摩擦角 δ。同样，由于滑动土楔 ABC 相对于墙背是向下滑动，故墙背在 AB 面产生的摩擦力 T_2 的方向向上。Q 的作用方向已知，大小未知。

考虑滑动土楔 ABC 的静力平衡条件，绘出 G、R 与 Q 的力三角形，如图 4-12 所示。由正弦定律得：

$$\frac{G}{\sin[\pi-(\psi+\alpha-\varphi)]}=\frac{Q}{\sin(\alpha-\varphi)} \tag{4-12}$$

式中：$\psi=\dfrac{\pi}{2}-\varepsilon-\delta$，其他符号意义见图 4-12。

由图4-12可知：

$$G=\frac{1}{2}\cdot\overline{AD}\cdot\overline{BC}\cdot\gamma \tag{4-13}$$

$$\overline{AD}=\overline{AB}\cdot\sin\left(\frac{\pi}{2}+\varepsilon-\alpha\right)=H\frac{\cos(\varepsilon-\alpha)}{\cos\varepsilon}$$

$$\overline{BC}=\overline{AB}\frac{\sin\left(\frac{\pi}{2}+\beta-\varepsilon\right)}{\sin(\alpha-\beta)}=H\frac{\cos(\beta-\varepsilon)}{\cos[\sin(\alpha-\beta)]}$$

$$G=\frac{1}{2}\gamma H^2\frac{\cos(\varepsilon-\alpha)\cos(\beta-\varepsilon)}{\cos^2\varepsilon\sin(\alpha-\beta)}$$

将G代入式(4-12)得：

$$Q=\frac{1}{2}\gamma H^2\left[\frac{\cos(\varepsilon-\alpha)\cos(\beta-\varepsilon)\sin(\alpha-\varphi)}{\cos^2\varepsilon\sin(\alpha-\beta)\cos(\alpha-\varphi-\varepsilon-\delta)}\right] \tag{4-14}$$

式中，γ、H、ε、β、δ、φ均为常数，Q随滑动面BC的倾角α而变化。当$\alpha=\frac{\pi}{2}+\varepsilon$时，$G=0$，则$Q=0$；当$\alpha=\varphi$时，$R$与$Q$重合，则$Q=0$。因此，当$\alpha$在$(\frac{\pi}{2}+\varepsilon)$和$\alpha$之间变化时，$Q$将有一个极大值。这个极大值$Q_{max}$即所求的主动土压力$E_a$。

要计算Q_{max}值时，可令：

$$\frac{dQ}{d\alpha}=0 \tag{4-15}$$

因此，可将公式(4-14)对α求导，解得α值代入式(4-14)，得库仑主动土压力计算公式：

$$E_a=Q_{max}=\frac{1}{2}\gamma H^2K_a \tag{4-16}$$

$$K_a=\frac{\cos^2(\varphi-\varepsilon)}{\cos^2\varepsilon\cos(\delta+\varepsilon)\left[1+\sqrt{\frac{\sin(\delta+\varphi)\sin(\varphi-\beta)}{\cos(\delta+\varepsilon)\cos(\varepsilon-\beta)}}\right]^2} \tag{4-17}$$

式中　γ、φ——墙后填土的重度及内摩擦角；

H——挡土墙的高度；

ε——墙背与竖直线间夹角，墙背俯斜时为正，反之，为负值；

δ——墙背与填土间的摩擦角；

β——填土面与水平面间的倾角；

K_a——主动土压力系数，为φ、δ、ε、β的函数，当$\beta=0$时，K_a值可由表4-1查得。

当填土面水平、墙背竖直、墙背光滑时，也即$\beta=0$、$\varepsilon=0$及$\delta=0$时，由式(4-17)可得：

$$K_a=\frac{\cos^2\varphi}{(1+\sin\varphi)^2}=\frac{1-\sin^2\varphi}{(1+\sin\varphi)^2}=\frac{1-\sin\varphi}{1+\sin\varphi}=\tan^2(45°-\frac{\varphi}{2})=m^2$$

故得：

$$E_a=\frac{1}{2}\gamma H^2m^2$$

表 4-1　主动土压力系数 K_a 表($\beta=0$ 时)

墙背倾斜情况			填土与墙背摩擦角	主动土压力系数 K_a					
				土的内摩擦角 φ/(°)					
		ε/(°)	δ/(°)	20	25	30	35	40	45
仰斜	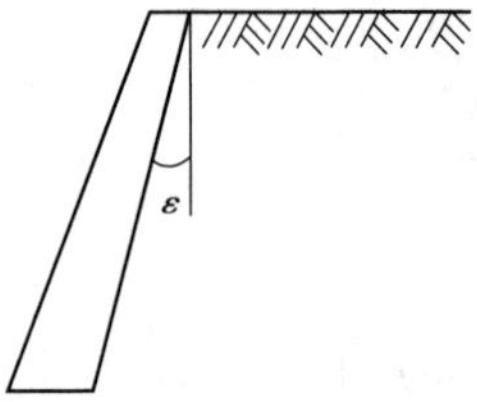	−15	$\frac{1}{2}\varphi$	0.357	0.274	0.208	0.156	0.114	0.081
			$\frac{2}{3}\varphi$	0.346	0.266	0.202	0.153	0.112	0.079
		−10	$\frac{1}{2}\varphi$	0.385	0.303	0.237	0.184	0.139	0.104
			$\frac{2}{3}\varphi$	0.375	0.295	0.232	0.180	0.139	0.104
		−5	$\frac{1}{2}\varphi$	0.415	0.334	0.268	0.214	0.168	0.131
			$\frac{2}{3}\varphi$	0.406	0.327	0.263	0.211	0.168	0.131
竖直	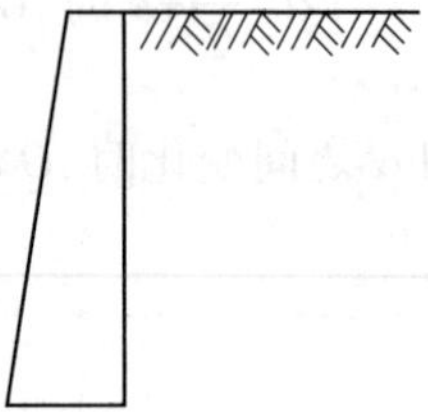	0	$\frac{1}{2}\varphi$	0.447	0.367	0.301	0.246	0.199	0.160
			$\frac{2}{3}\varphi$	0.438	0.361	0.297	0.244	0.200	0.162
俯斜	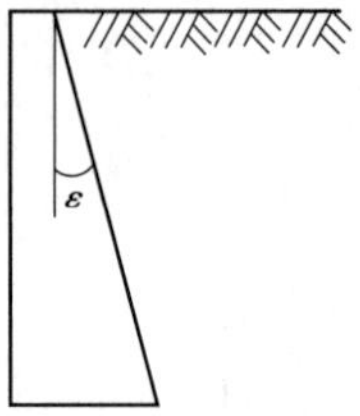	+5	$\frac{1}{2}\varphi$	0.432	0.404	0.338	0.282	0.234	0.193
			$\frac{2}{3}\varphi$	0.450	0.398	0.335	0.282	0.236	0.197
		+10	$\frac{1}{2}\varphi$	0.520	0.444	0.378	0.322	0.273	0.230
			$\frac{2}{3}\varphi$	0.514	0.439	0.377	0.323	0.277	0.237
		+15	$\frac{1}{2}\varphi$	0.564	0.489	0.424	0.368	0.318	0.274
			$\frac{2}{3}\varphi$	0.550	0.488	0.425	0.371	0.325	0.284
		+20	$\frac{1}{2}\varphi$	0.615	0.541	0.476	0.463	0.370	0.325
			$\frac{2}{3}\varphi$	0.611	0.540	0.479	0.474	0.381	0.340

此式与填土为砂性土的朗肯主动土压力公式相同。由此可见，在特定条件下，两种土压力理论得到的结果是相同的。

由式(4-16)可以看到，主动土压力 E_a 是墙高 H 的二次函数，故主动土压力强度 P_a 是沿墙高按直线规律分布的，如图 4-13 所示。合力 E_a 的作用方向与墙背法线成 δ 角，与水平面成 θ 角，其作用点在墙高的 $\frac{1}{3}$ 处。

作用在墙背上的主动土压力 E_a 可以分解为水平分力 E_{ax} 和竖向分力 E_{ay}：

$$E_{ax}=E_a\cos\theta=\frac{1}{2}\gamma H^2K_a\cos\theta \tag{4-18}$$

$$E_{ay}=E_a\sin\theta=\frac{1}{2}\gamma H^2K_a\sin\theta \tag{4-19}$$

式中　θ——E_a 与水平面的夹角，$\theta=\delta+\varepsilon$；

E_{ax}、E_{ay} 都是线性分布，见图 4-13。

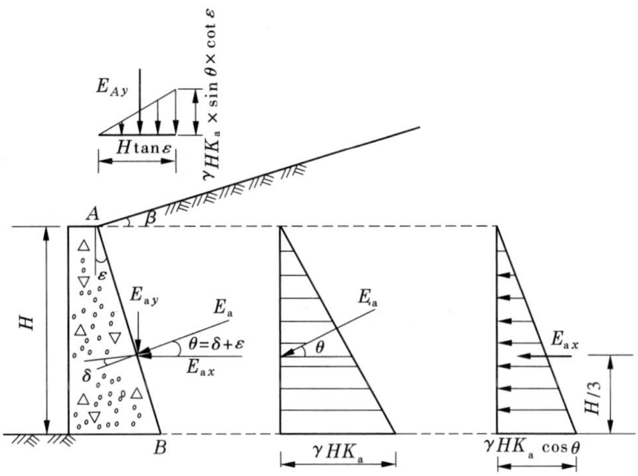

图 4-13　主动土压力的分布

思考题

1. 什么是静止土压力、主动土压力和被动土压力？三者的大小关系及挡土墙位移大小和方向的关系怎样？

2. 影响土压力的因素有哪些？其中最主要的影响因素是什么？

3. 朗肯土压力理论与库仑土压力理论的基本假定和适用条件有哪些异同？

4. 填土表面有均布荷载、成层填土和地下水时，土压力如何计算？

习　题

1. 挡土墙高 5.0 m，假定墙背垂直和光滑，墙后填土面水平，填土的黏聚力 $c=11$ kPa，内摩擦角 $\varphi=20°$，重度 $\gamma=18\ \text{kN/m}^3$。试求出墙背主动土压力(强度)分布图形和主动土压力的合力。

2. 某挡土墙高 4.0 m，墙背铅直光滑，墙后填土面水平，填土为中砂，含水率 $w=25\%$，孔隙比为 $e=1.0$，土颗粒比重为 $G_s=2.65$，$c=0$，$\varphi=30°$，若地下水位自墙底处上升到地面，求此时作用在墙背上的总主动土压力和水压力的合力的变化。

3. 某挡土墙高 6.0 m，墙背铅直光滑，墙后填土面水平，填土顶面作用有 15 kPa 均布荷载，填土重度 $\gamma=18\ kN/m^3$，$c=0$，$\varphi=30°$，地下水位距地表 2 m，计算作用在墙背上的主动土压力合力及作用点位置。

4. 某挡土墙高 5.0 m，墙背倾角为 +10°，填土表面倾角 20°，填土为无黏性土，重度 $\gamma=18\ kN/m^3$，内摩擦角 $\varphi=30°$，$c=0$。墙背与土的摩擦角 $\delta=\varphi/2$。试求作用在墙上的总主动土压力。

5. 挡土墙墙高 4.0 m，墙后填土为中密粗砂，$\gamma_d=16.8\ kN/m^3$，$w=10\%$，$\varphi=36°$，$\delta=18°$，$\beta=15°$，墙背与竖直线的夹角 $\alpha=-8°$。试按相关规范要求计算该墙主动土压力。

项目五 土坡稳定分析

知识目标

1. 理解无黏性土坡稳定性的分析方法;
2. 熟悉瑞典圆弧法、泰勒图表分析黏性土土坡稳定;
3. 了解条分法在黏性土土坡稳定分析中的应用。

码 5-1 土坡稳定分析

能力目标

1. 会分析砂性土土坡稳定性;
2. 会分析黏性土土坡稳定性。

思政目标

学习不同的土坡稳定分析方法,了解土力学的博大精深,激发学习热情。

任务一 概 述

工程实际中的土坡包括天然土坡和人工土坡,天然土坡是指天然形成的山坡和江河湖海的岸坡,人工土坡则是指人工开挖基坑、基槽、路堑或填筑路堤、土坝形成的边坡。

土坡滑动失稳的原因一般有以下两类情况:

(1)外界力的作用破坏了土体内原来的应力平衡状态。如基坑的开挖,由于地基内自身重力发生变化,改变了土体原来的应力平衡状态;又如路堤的填筑、土坡顶面上作用外荷载、土体内水的渗流、地震力的作用也都会破坏土体内原有的应力平衡状态,导致土坡坍塌。

(2)土的抗剪强度由于受到外界各种因素的影响而降低,促使土坡失稳破坏。如外界气候等自然条件的变化,使土时干时湿、收缩膨胀、冻结、融化等,从而使土变松,强度降低;土坡内因雨水的浸入使土湿化,强度降低;土坡附近因打桩、爆破或地震力的作用引起土的液化或触变,使土的强度降低。

任务二 砂性土土坡的稳定分析

根据实际观测,由均质砂性土构成的土坡,破坏时滑动面大多近似于平面,成层的非均质的砂类土构成的土坡,破坏时的滑动面也往往近于一个平面,因此在分析砂性土的土坡稳定时,一般均假定滑动面是平面。

如图 5-1 所示的简单土坡,已知土坡高为 H,坡角为 β,土的重度为 γ,土的抗剪强度 $\tau_f=\sigma\tan\varphi$。若假定滑动面是通过坡脚 A 的平面 AC,AC 的倾角为 α,则可计算滑动土体 ABC 沿 AC 面上滑动的稳定安全系数 K 值。

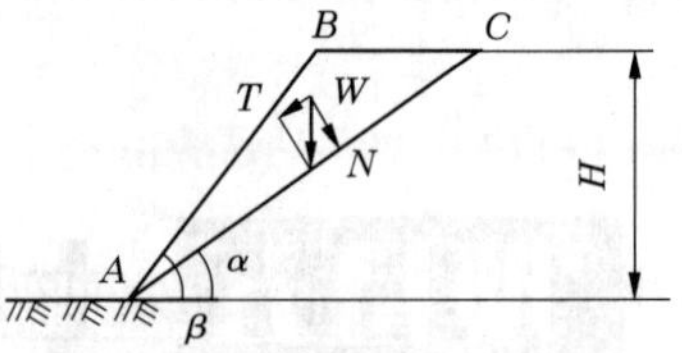

图 5-1　砂性土土坡稳定分析

沿土坡长度方向截取单位长度土坡,作为平面应变问题分析。已知滑动土体 ABC 的重力为

$$W=\gamma\times(\Delta_{ABC})$$

W 在滑动面 AC 上的平均法向分力 N 及由此产生的抗滑动力 T_f 为

$$N=W\cos\alpha$$

$$T_f=N\tan\varphi=W\cos\alpha\tan\varphi$$

W 在滑动面 AC 上产生的平均下滑力 T 为

$$T=W\sin\alpha$$

土坡滑动的稳定安全系数 K 为

$$K=\frac{T_f}{T}=\frac{W\cos\alpha\tan\varphi}{W\sin\alpha}=\frac{\tan\varphi}{\tan\alpha} \tag{5-1}$$

稳定安全系数 K 随倾角 α 而变化,当 $\alpha=\beta$ 时,稳定安全系数最小。据此,砂性土坡滑动的稳定安全系数可取为

$$K=\frac{\tan\varphi}{\tan\beta} \tag{5-2}$$

工程中一般要求 $K>(1.25\sim1.30)$。

上述安全系数公式表明,砂性土坡所能形成的最大坡角就是砂土的内摩擦角,根据这一原理,工程上可以通过堆砂锥体法确定砂土的内摩擦角(天然休止角)。

任务三　黏性土土坡稳定分析的条分法

费伦纽斯等提出了黏性土土坡稳定分析的条分法。

一、条分法的基本原理

如图 5-2 所示的土坡,取单位长度土坡按平面问题计算。设可能的滑动面是一圆弧 AD,其圆心为 O,半径为 R。将滑动土体 $ABCDA$ 分成许多竖向土条,土条宽度一般可取 $b=0.1R$,任一土条 i 上的作用力包括:土条的重力 W_i,其大小、方向及作用点都已知;滑动面 ef 上的法向反力 N_i 及切向反力 T_i,假定 N_i、T_i 作用在滑动面 ef 的中点,它们的大小都未知;土条两侧的法向力 E_i、E_{i+1} 及竖向剪切力 X_i、X_{i+1},其中 E_i 和 X_i 可由前一个土条的平衡条件求得,而 E_{i+1} 和 X_{i+1} 的大小未知,E_{i+1} 的作用点位置也未知。

由此看到,土条 i 的作用力中有 5 个未知量,属超静定问题。费伦纽斯假定 E_i 和 X_i

的合力等于 E_{i+1} 和 X_{i+1} 的合力，同时它们的作用线重合，因此土条两侧的作用力相互抵消。这时土条 i 仅有作用力 W_i、N_i 及 T_i，根据平衡条件可得：

$$N_i = W_i\cos\alpha_i$$

$$T_i = W_i\sin\alpha_i$$

滑动面 ef 上土的抗剪强度为

$$\begin{aligned}\tau_{fi} &= \sigma_i\tan\varphi_i + c_i \\ &= \frac{1}{l_i}(N_i\tan\varphi_i + c_i l_i) = \frac{1}{l_i}(W_i\cos\alpha_i\tan\varphi_i + c_i l_i)\end{aligned}$$

式中　α_i——土条 i 滑动面的法线（半径）与竖直线的夹角，(°)；

l_i——土条 i 滑动面 ef 的弧长，m；

c_i、φ_i——滑动面上土的黏聚力及内摩擦角，kPa、(°)。

土条 i 上的作用力对圆心 O 产生的滑动力矩 M_s 及抗滑力矩 M_r 分别为

$$M_s = T_i R = W_i\sin\alpha_i R$$

$$M_r = \tau_{fi} l_i R = (W_i\cos\alpha_i\tan\varphi_i + c_i l_i)R$$

整个土坡相应于滑动面 AD 时的稳定安全系数为

$$K = \frac{M_r}{M_s} = \frac{\sum_{i=1}^{n}(W_i\cos\alpha_i\tan\varphi_i + c_i l_i)}{\sum_{i=1}^{n} W_i\sin\alpha_i} \tag{5-3}$$

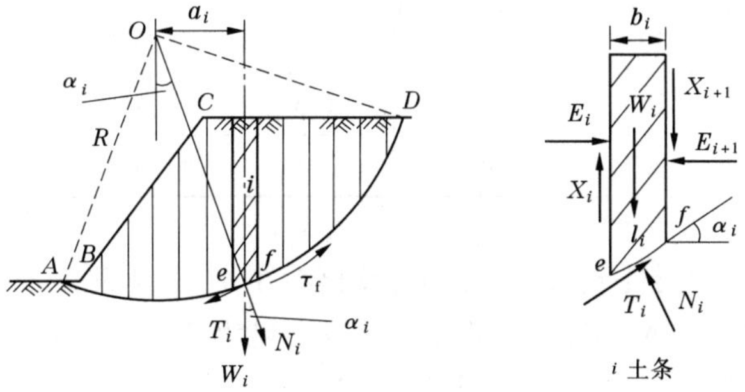

图 5-2　土坡稳定分析条分法

二、最危险滑动面圆心位置的确定

上述稳定安全系数 K 是对于某一个假定滑动面求得的，因此需要试算许多个可能的滑动面，相应于最小安全系数的滑动面即为最危险滑动面。也可以根据费伦纽斯等提出的近似方法确定最危险滑动面圆心的位置，但当坡形复杂时，一般还是采用电算搜索的方法确定。

为了减轻计算工作量，费伦纽斯根据大量计算，提出了确定最危险滑动面圆心的近似方法。费伦纽斯认为：对于均质黏性土坡，最危险滑动面常通过坡脚。当 $\varphi = 0°$ 时，土坡的最危险滑动面如图 5-3 所示，圆心 D 为由坡脚 B 及坡肩 C 分别作 BD 和 CD 的交点，BD

与坡脚成 β_1 交角，β_1、β_2 与 β 相关，可由表 5-1 查得。

当 $\varphi>0$ 时，最危险滑动面圆心位置可能在 ED 延长线向上移动，计算时由 D 点向上取圆心 O_1、O_2、O_3…。分别求取各滑弧的稳定安全系数 K_1、K_2、K_3…，画出相应 K 值曲线，确定相应的 $K_{\min}$ 和 O_{m}。

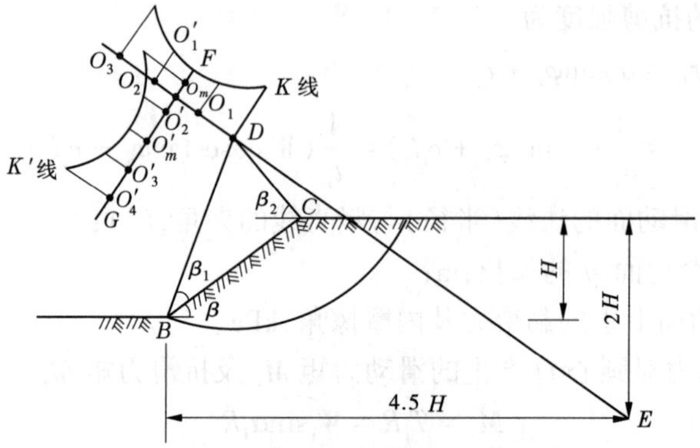

图 5-3 最危险滑动面圆心位置

这样确定的 O 还不太可靠，需继续上述步骤，过点 O_{m} 作 ED 延线的垂线，并在 FG 上取几个试算滑弧圆心 O_1'、O_2'、O_3'…，并求出相应的稳定安全系数 K_1'、K_2'、K_3'…，绘出相应的 K'值曲线，确定 $K_{\min}'$ 和 O_{m}'，即土坡的最危险滑动圆弧的圆心和最小稳定安全系数。

表 5-1 不同边坡的 β_1、β_2 的值

坡比	坡角	β_1	β_2	坡比	坡角	β_1	β_2
1:0.58	60°	29°	40°	1:2	26.57°	25°	35°
1:1	45°	28°	37°	1:3	18.43°	25°	35°
1:1.5	33.79°	26°	35°	1:5	11.32°	25°	37°

【例 5-1】 一均质黏性土坡，坡高 20 m，坡比为 1:2，土黏聚力 $c=15$ kPa，内摩擦角 $\varphi=18°$，土的重度为 18.4 kN/m³，试用条分法求该土坡的稳定安全系数。

解：(1) 按比例绘制该土坡的坡面（见图 5-4）。

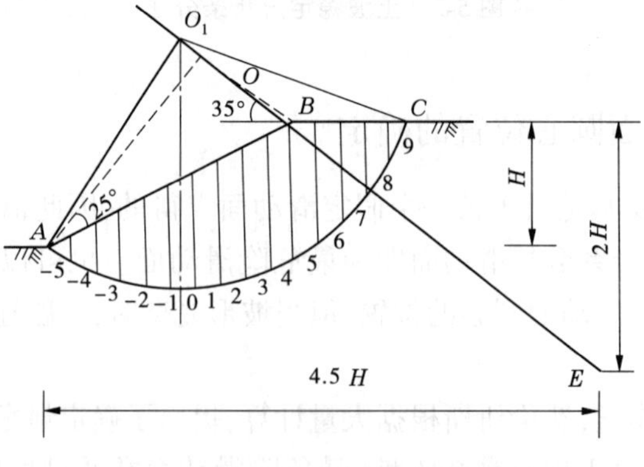

图 5-4 例 5-1 图

(2)选择滑动圆心,做相应的滑动圆弧,按坡比查表 7-1,得 $\beta_1=25°$、$\beta_2=35°$。做直线 OA、BO 交于 O 点,确定 E 点,在 EO 延长线上取 O_1 点作第一次试算滑弧圆心,通过坡脚 A 点作滑动圆弧,经量圆弧半径 $R=40$ m。

(3)对滑动土体分条编号,取 $b=0.1R=4$ m 作为土条的宽度,编号以过滑弧圆心垂线者为 0,依次顺滑弧方向为:-1、-2…;逆滑弧方向为:1、2…。

(4)量出各土条的中心高度 h_i,并列表计算如下。两侧土条不是矩形,可近似按 $h'=b_ih_i/b$ 确定其计算高度(b_i、h_i 为土条的实际宽度和高度),$\sin\alpha_i$ 按实际宽度计算。如编号为 9 的土条,实际宽度为 3.5 m,高度为 3 m,换算土条的计算高度 $h_9=3.5\times3/4=2.6$ m,$\sin\alpha_9=(8.5\times4+0.5\times3.5)/40=0.89$。

(5)量得该滑弧的圆心角 $\theta=98°$,总弧长 $L=68.4$ m。

(6)计算稳定安全系数:$K=\dfrac{cL+\gamma b\tan\varphi\sum h_i\cos\alpha_i}{\sum h_i\sin\alpha_i}=1.36$

(7)在 EO 的延长线上重新选择 O_2、O_3…,重复上述计算得相应的 K_i,并从中找出最小值,即为该土坡的稳定安全系数。

思考题

1. 影响无黏聚性土土坡稳定的因素有哪几个?怎样影响?

2. 简述费伦纽斯条分法分析黏性土土坡稳定的基本原理。

习　题

1. 已知某工程基坑开挖深度 $H=5.0$ m,地基土的天然重度 $\gamma=19.0$ kN/m^3,内摩擦角为 15°,黏聚力 $c=12$ kPa。求此基坑开挖的稳定坡角。

2. 设计一土坡的坡度,使其具有稳定安全系数 $K=1.25$,该土坡高 $H=10$ m,土的性质指标 $\gamma=18$ kN/m^3,$\varphi=12°$,$c=17.0$ kPa。

3. 一匀质土坡,$\gamma=18$ kN/m^3,$\varphi=15°$,$c=16.0$ kPa,$H=15$ m,$\beta=30°$,问稳定安全系数多大?

项目六 地基容许承载力的确定

知识目标

1. 掌握地基容许承载力的基本概念;
2. 掌握临塑荷载、临界荷载、极限荷载的概念;
3. 掌握用理论公式法确定地基容许承载力的方法;
4. 掌握规范法确定地基容许承载力的方法。

码 6-1 地基承载力

能力目标

1. 会用公式计算地基容许承载力;
2. 会用规范确定地基容许承载力。

思政目标

了解地基承载力确定在实际工程中的重要性,提高严谨求实的专业素质。

地基的容许承载力是指地基土在外荷载的作用下,不产生剪切破坏且基础的沉降量不超过允许值时,单位面积上所能承受的最大荷载。确定地基容许承载力的方法有许多,现行《公路桥涵地基与基础设计规范》(JTG 3363—2019)规定:桥涵地基的容许承载力,可根据地质勘探、原位测试、野外荷载试验、邻近旧桥涵调查对比,以及既有的建筑经验和理论公式的计算综合分析确定。如缺乏上述数据时,可根据地基土的类别,查阅《公路桥涵地基与基础设计规范》(JTG 3363—2019)给出的相应的容许承载力表,再通过相应的经验公式计算修正后确定。对地质和结构复杂的桥涵地基的容许承载力,应经现场荷载试验确定。

任务一 理论公式确定地基的容许承载力

地基容许承载力的理论公式主要依据为土的强度理论,因此需要应用土的抗剪强度指标 c 和 φ 值。理论公式一般假定地基土为均质材料,并由条形基础均布荷载作用推导得来。若对矩形基础或圆形基础,理论公式一般也可以应用,结果偏于安全。地基的临界荷载和极限荷载均可作为地基的容许承载力,但其安全程度和经济效果不同,现分述如下。

一、地基的临塑荷载

(一)定义

地基的临塑荷载是指在外荷载作用下,地基中刚开始产生塑性变形(局部剪切破坏)时,基础底面单位面积上所承受的荷载。

(二)临塑荷载计算公式

地基的临塑荷载 P_{cr},按下式计算:

$$P_{cr}=\frac{\pi(\gamma d+c\cdot\cot\varphi)}{\cot\varphi-\frac{\pi}{2}+\varphi}+\gamma d=N_d\gamma d+N_c c \tag{6-1}$$

式中　P_{cr}——地基的临塑荷载,kPa;

γ——地基埋深范围内的重度,kN/m^3;

d——基础埋深,m;

c——基础底面下土的黏聚力,kPa;

φ——基础底面下土的内摩擦角,(°);

N_d、N_c——承载力系数,可根据 φ 值按式(6-2)、式(6-3)计算或查表 6-1 确定。

$$N_d=\frac{\cot\varphi+\varphi+\frac{\pi}{2}}{\cot\varphi+\varphi-\frac{\pi}{2}} \tag{6-2}$$

$$N_c=\frac{\pi\cdot\cot\varphi}{\cot\varphi+\varphi-\frac{\pi}{2}} \tag{6-3}$$

二、地基的临界荷载

(一)定义

当地基中的塑性变形区最大深度为:中心荷载作用时 $z_{max}=\frac{b}{4}$ 或偏心荷载作用时 $z_{max}=\frac{b}{3}$,与此相对应的基础底面的压力,分别以 $P_{\frac{1}{4}}$ 或 $P_{\frac{1}{3}}$ 表示,称为地基的临界荷载。

(二)临界荷载计算公式

(1)中心荷载作用。中心荷载作用下地基的临界荷载计算公式:

$$P_{\frac{1}{4}}=\frac{\pi(\gamma d+\frac{1}{4}\gamma b+c\cdot\cot\varphi)}{\cot\varphi-\frac{\pi}{2}+\varphi}+\gamma d=N_{\frac{1}{4}}\gamma b+N_d\gamma d+N_c c \tag{6-4}$$

式中　b——基础宽度,m,矩形基础短边,圆形基础 $b=\sqrt{A}$,A 为圆形基础底面积;

$N_{\frac{1}{4}}$——承载力系数,根据基础底面下 φ 值按式(6-5)计算,或查表 6-1 确定。

表 6-1 承载力系数 N_d、N_c、$N_{\frac{1}{4}}$、$N_{\frac{1}{3}}$ 的数值

φ/(°)	N_d	N_c	$N_{\frac{1}{4}}$	$N_{\frac{1}{3}}$	φ/(°)	N_d	N_c	$N_{\frac{1}{4}}$	$N_{\frac{1}{3}}$
0	1	3	0	0	24	3.9	6.5	0.7	1.0
2	1.1	3.3	0	0	26	4.4	6.9	0.8	1.1
4	1.2	3.5	0	0.1	28	4.9	7.4	1.0	1.3
6	1.4	3.7	0.1	0.1	30	5.6	8.0	1.2	1.5
8	1.6	3.9	0.1	0.2	32	6.3	8.5	1.4	1.8
10	1.7	4.2	0.2	0.2	34	7.2	9.2	1.6	2.1
12	1.7	4.4	0.2	0.3	36	8.2	10.0	1.8	2.4
14	2.2	4.7	0.3	0.4	38	9.4	10.8	2.1	2.8
16	2.4	5.0	0.4	0.5	40	10.8	12.8	2.5	3.3
18	2.7	5.3	0.4	0.6	42	11.7	12.8	2.9	3.8
20	3.1	5.6	0.5	0.7	44	14.5	14.0	3.4	4.5
22	3.4	6.0	0.6	0.8	46	15.6	14.6	3.7	4.9

$$N_{\frac{1}{4}} = \frac{\pi}{4\left(\cot\varphi + \varphi - \frac{\pi}{2}\right)} \tag{6-5}$$

(2)偏心荷载作用。偏心荷载作用下地基的临界荷载计算公式：

$$P_{\frac{1}{3}} = \frac{\pi\left(\gamma d + \frac{1}{3}\gamma b + c\cdot\cot\varphi\right)}{\cot\varphi - \frac{\pi}{2} + \varphi} + \gamma d = N_{\frac{1}{3}}\gamma b + N_d\gamma d + N_c c$$

式中 $N_{\frac{1}{3}}$——承载力系数，根据基底下 φ 值按式(6-6)计算，或查表 6-1 确定。

$$N_{\frac{1}{3}} = \frac{\pi}{3\left(\cot\varphi + \varphi - \frac{\pi}{2}\right)} \tag{6-6}$$

三、地基的极限荷载

(一)定义

地基的极限荷载是指地基即将失去稳定性，土体将要从基底被挤出时，作用于地基上的外荷载。当作用在地基上的荷载较小时，地基处于压密状态。随着荷载的增大，地基中产生局部剪切破坏的塑性区也越大。当荷载达极限值时，地基中的塑性区已发展为连续贯通的滑动面，使地基丧失整体稳定而滑动破坏。如图 6-1 所示，在现场荷载试验得到的 $P-S$ 曲线上，相当于第二阶段与第三阶段交界处 b 点所对应的荷载 P_u 称为地基的极限荷载。

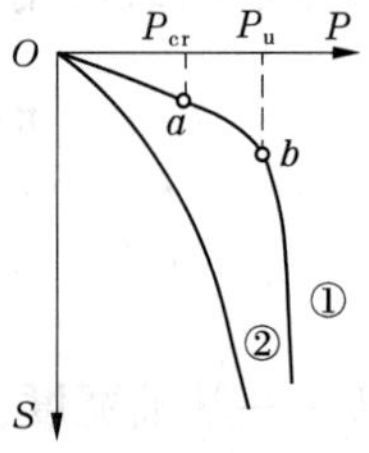

图 6-1 $P-S$ 曲线两种类型

(二)极限荷载计算公式

世界各国计算极限荷载的公式很多,但目前尚无公认的完美公式,大多限于条形荷载和均质地基。其主要区别是对地基破坏时的滑裂面形式做了不同的假定,使得计算结果很不一致,不能完全符合地基的实际状况。所以应用每种计算公式时,一定要注意它的适用范围。一般最常用的极限荷载计算公式有下述几种:太沙基公式(适用于条形基础、方形基础和圆形基础)、斯凯普顿公式(适用于饱和软土地基,内摩擦角 $\varphi=0$ 的浅基础)、汉森公式(适用于倾斜荷载的情况)。

1. 太沙基(K. Terzaghi)公式

太沙基假定基础是条形基础,均布荷载作用,且基础底面是粗糙的。当地基发生滑动时,滑动面的形状,两端为直线,中间为曲线,左右对称,如图 6-2 所示。将滑动土体分为三区:Ⅰ区——位于基础底面下的土楔 $a'ba$,由于土体与基础粗糙的底面之间存在很大的摩擦阻力作用,此区的土体不发生剪切位移,处于弹性压密状态,滑动面 ab 与基础底面 aa'之间的夹角为土的内摩擦角 φ;Ⅱ区——对称位于Ⅰ区左右下方,其滑动面为对数螺旋线 bc 或 bd,Ⅰ区正中底部 b 点处对数螺旋线方向为竖向,c 点处对数螺旋线的切线方向与水平线夹角为 $45°-\dfrac{\varphi}{2}$;Ⅲ区——对称位于Ⅱ区左右,呈等腰三角形,其滑动面为斜面 ce 或 df,该斜面与水平地面的夹角也为 $45°-\dfrac{\varphi}{2}$。

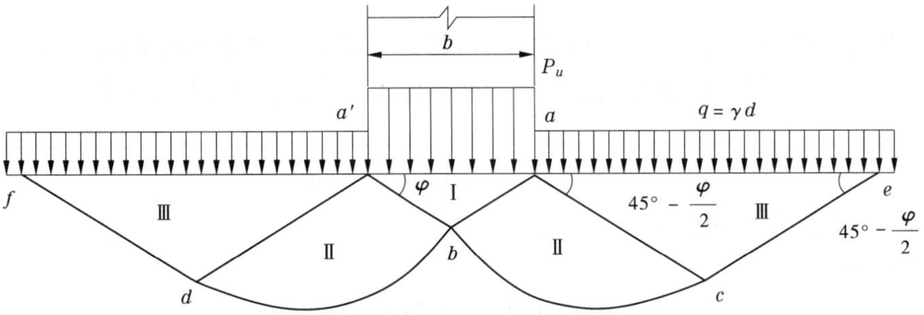

图 6-2　太沙基公式地基滑动面

太沙基认为在均匀分布的极限荷载 P_u 作用下,地基处于极限平衡状态时作用于Ⅰ区土楔上的诸力包括:土楔 aba'顶面的极限荷载 P_u;土楔 aba'的自重;土楔斜面 ab、$a'b$ 上作用的黏聚力 c 的竖向分力和Ⅱ区、Ⅲ区土体滑动时,对斜面 ab、$a'b$ 的被动土压力的竖向分力。太沙基根据作用于Ⅰ区土楔上的诸力在竖直方向的静力平衡条件,求得极限荷载 P_u 公式:

$$P_u = \frac{1}{2}\gamma b N_r + cN_c + \gamma d N_q \tag{6-7}$$

式中　N_r、N_c、N_q——承载力系数,仅与地基土的内摩擦角 φ 值有关,可查专用的承载力系数图[见图 6-3 中的曲线(实线)]确定;

其余符号同前。

式(6-7)适用的条件是:地基土较密实且地基土产生完全剪切整体滑动破坏,即荷载试验结果 P-S 曲线上有明显的第二拐点的情况,如图 6-1 中曲线①所示。如果地基土松软,荷载试验结果 P-S 曲线上就没有明显的拐点,如图 6-1 中曲线②所示,太沙基称这类情况为局部剪损,此时极限荷载按下式计算:

$$P_u = \frac{1}{2}\gamma b N'_r + \frac{2}{3}cN'_c + \gamma d N'_q \tag{6-8}$$

式中 N'_r、N'_c、N'_q——局部剪损时的承载力系数,也仅与地基土的内摩擦角 φ 值有关,可查专用的承载力系数图[图 6-3 中的曲线(虚线)]确定。

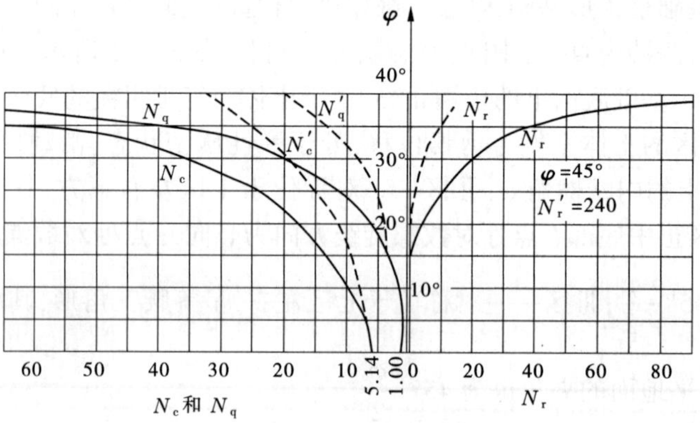

图 6-3 太沙基公式的承载力系数

太沙基的极限荷载公式(6-7)和式(6-8),都是由条形基础推导得来的。对于方形基础和圆形基础,太沙基对极限荷载公式中的数字做了适当的修改,提出了半经验公式:

方形基础:

$$P_u = 0.4\gamma b_0 N_r + 1.2cN_c + \gamma d N_q \tag{6-9}$$

式中 b_0——方形基础的边长。

圆形基础:

$$P_u = 0.3\gamma b_0 N_r + 1.2cN_c + \gamma d N_q \tag{6-10}$$

式中 b_0——圆形基础的直径。

用上述太沙基极限荷载公式计算地基容许承载力时,其安全系数 K 应取 3.0,即地基的容许承载力为

$$f = \frac{P_u}{K} \tag{6-11}$$

2. 斯凯普顿(Skempton)公式

太沙基公式中的承载力系数 N_r、N_c、N_q 都是 φ 的函数,斯凯普顿专门研究了 $\varphi=0$ 的饱和软土地基和浅基础(基础埋深与宽度的比值 $\frac{d}{b} \leqslant 2.5$),并考虑基础的宽度与长度的比值 $\frac{b}{l}$ 的影响,提出了极限荷载的半经验公式:

$$P_u = 5c[1 + 0.2\frac{1}{b}][1 + 0.2\frac{d}{b}] + \gamma d \tag{6-12}$$

式中　c——地基土的黏聚力，取基础底面以下 0.7b 深度范围内的平均值，kPa；

γ——基础埋深范围内土的天然重度，kN/m³。

用斯凯普顿极限荷载公式计算地基容许承载力时，其安全系数 K 应取 1.1~1.5，即地基的容许承载力为

$$f = \frac{p_u}{K} \tag{6-13}$$

3. 汉森(Hansen J. B.)公式

太沙基公式和斯凯普顿公式都无法解决倾斜荷载作用时地基容许承载力的计算。汉森公式解决了这类问题，并考虑了基础形状和基础埋深的影响，提出的极限荷载公式为

$$P_{uv} = \frac{1}{2}\gamma_1 bN_r S_r i_r + cN_c S_c d_c i_c + qN_q S_q d_q i_q \tag{6-14}$$

式中　P_{uv}——地基极限荷载的竖向分力，kPa；

γ_1——基础底面以下持力层土的重度，地下水以下用有效重度，kN/m³；

q——基底平面处的有效旁侧荷载，kPa；

N_r、N_c、N_q——承载力系数，根据地基土的内摩擦角值查表 6-2 确定；

S_r、S_c、S_q——基础形状系数，由式(6-15)与式(6-16)计算；

d_c、d_q——基础埋深系数，由式(6-17)计算；

i_r、i_c、i_q——倾斜系数，与作用荷载倾角 δ 有关，根据 δ 与 φ 查表 6-3 确定，当基础中心受压时，$i_r = i_c = i_q = 1$。

表 6-2　承载力系数 N_r、N_c、N_q

φ(°)	N_r	N_c	N_q	φ/(°)	N_r	N_c	N_q
0	0	5.14	1.00	24	6.90	19.33	9.61
2	0.01	5.69	1.20	26	9.53	22.25	11.83
4	0.05	6.17	1.43	28	13.13	25.80	14.71
6	0.14	6.82	1.72	30	18.09	30.15	18.40
8	0.24	7.52	2.06	32	24.95	35.50	23.18
10	0.47	8.35	2.47	34	34.54	42.18	29.45
12	0.76	9.29	2.97	36	48.08	50.16	37.77
14	1.16	10.37	3.58	38	67.43	61.36	48.92
16	1.72	11.62	4.33	40	95.51	75.36	64.23
18	2.49	13.09	5.25	42	136.72	93.69	85.36
20	3.54	14.83	6.40	44	198.77	118.41	115.35
22	4.96	16.89	7.82	45	240.95	133.86	134.86

表 6-3 倾斜系数 i_r、i_c、i_q

φ/	$\tan\delta=0.1$			$\tan\delta=0.2$			$\tan\delta=0.3$			$\tan\delta=0.4$		
(°)	i_r	i_c	i_q	i_r	i_c	i_q	i_r	i_c	i_q	i_r	i_c	i_q
6	0.643	0.526	0.802									
7	0.689	0.638	0.830									
8	0.707	0.691	0.841									
9	0.719	0.728	0.848									
10	0.724	0.750	0.851									
11	0.728	0.768	0.853									
12	0.729	0.780	0.854	0.396	0.441	0.629						
13	0.729	0.791	0.854	0.426	0.501	0.653						
14	0.731	0.798	0.855	0.444	0.537	0.666						
15	0.731	0.806	0.855	0.456	0.565	0.675						
16	0.729	0.810	0.854	0.462	0.583	0.680						
17	0.728	0.814	0.853	0.466	0.600	0.683	0.202	0.304	0.449			
18	0.726	0.817	0.852	0.469	0.611	0.685	0.234	0.362	0.484			
19	0.724	0.820	0.851	0.471	0.621	0.686	0.250	0.397	0.500			
20	0.721	0.821	0.849	0.472	0.629	0.687	0.261	0.420	0.510			
21	0.719	0.822	0.848	0.471	0.635	0.686	0.267	0.438	0.517	0.100		
22	0.716	0.823	0.846	0.469	0.637	0.685	0.271	0.451	0.521	0.100	0.217	0.317
23	0.712	0.824	0.844	0.468	0.643	0.684	0.275	0.462	0.524	0.122	0.266	0.350
24	0.711	0.824	0.843	0.465	0.645	0.682	0.276	0.470	0.525	0.134	0.291	0.365
25	0.706	0.823	0.840	0.462	0.648	0.680	0.277	0.477	0.526	0.140	0.310	0.374
26	0.702	0.823	0.838	0.460	0.648	0.678	0.276	0.481	0.525	0.145	0.324	0.381
27	0.699	0.823	0.836	0.456	0.649	0.675	0.275	0.485	0.524	0.148	0.334	0.384
28	0.694	0.821	0.833	0.452	0.648	0.672	0.274	0.488	0.523	0.149	0.341	0.386
29	0.691	0.820	0.831	0.448	0.648	0.669	0.273	0.489	0.520	0.150	0.348	0.387
30	0.686	0.819	0.828	0.444	0.646	0.666	0.268	0.490	0.518	0.150	0.352	0.387
31	0.682	0.817	0.826	0.438	0.645	0.662	0.265	0.490	0.515	0.150	0.356	0.387
32	0.676	0.814	0.822	0.434	0.643	0.659	0.262	0.490	0.512	0.148	0.357	0.385
33	0.672	0.813	0.820	0.428	0.640	0.654	0.258	0.489	0.508	0.146	0.358	0.382
34	0.668	0.811	0.817	0.422	0.638	0.650	0.254	0.486	0.504	0.144	0.358	0.380
35	0.663	0.808	0.814	0.417	0.635	0.646	0.250	0.485	0.500	0.142	0.358	0.377
36	0.658	0.806	0.811	0.411	0.631	0.641	0.245	0.482	0.495	0.140	0.357	0.374
37	0.653	0.803	0.808	0.404	0.628	0.636	0.240	0.478	0.491	0.137	0.355	0.370
38	0.646	0.800	0.804	0.398	0.624	0.631	0.235	0.474	0.485	0.133	0.352	0.365
39	0.642	0.797	0.801	0.392	0.619	0.626	0.230	0.470	0.480	0.130	0.349	0.361
40	0.635	0.794	0.797	0.386	0.615	0.621	0.226	0.466	0.475	0.127	0.346	0.356
41	0.629	0.790	0.793	0.377	0.609	0.614	0.219	0.461	0.468	0.123	0.342	0.351
42	0.623	0.787	0.789	0.371	0.605	0.609	0.213	0.456	0.462	0.119	0.337	0.345
43	0.616	0.783	0.785	0.365	0.600	0.604	0.208	0.451	0.456	0.115	0.333	0.339
44	0.610	0.779	0.781	0.356	0.594	0.597	0.202	0.444	0.449	0.111	0.327	0.333
45	0.602	0.775	0.776	0.349	0.588	0.591	0.195	0.438	0.442	0.107	0.322	0.327

基础形状系数,按下列近似公式计算:

$$S_r = 1 - 0.4\frac{b}{l} \tag{6-15}$$

$$S_c = S_q = 1 + 0.2\frac{b}{l} \tag{6-16}$$

对条形基础:$S_r = S_c = S_q = 1$。

基础埋深系数,按下列近似公式计算:

$$d_c = d_q = 1 + 0.35\frac{d}{b} \tag{6-17}$$

式中　d——基础埋深,如在埋深范围内存在强度小于持力层的弱土层时,应将此弱土层的厚度扣除。

汉森公式对地基滑动面的最大深度 z_{max},可按下式估算:

$$z_{max} = \lambda b \tag{6-18}$$

式中　λ——系数,与荷载倾斜角有关,可查表 6-4。

表 6-4　系数 λ 值

$\tan\delta_0$	φ		
	≤20°	21°~35°	36°~45°
≤20	0.6	1.2	2.0
0.21~0.30	0.4	0.9	1.6
0.31~0.40	0.2	0.6	1.2

当地基土在滑动面范围内由多个土层组成时,若各土层的抗剪强度相差不太大,则可按土层厚度计算加权平均重度与加权平均抗剪强度指标值,然后用汉森公式计算地基极限荷载。

$$\gamma_p = \frac{\sum_{i=1}^{n} h_i\gamma_i}{\sum_{i=1}^{n} h_i} \tag{6-19}$$

$$c_p = \frac{\sum_{i=1}^{n} h_i c_i}{\sum_{i=1}^{n} h_i} \tag{6-20}$$

$$\varphi_p = \frac{\sum_{i=1}^{n} h_i\varphi_i}{\sum_{i=1}^{n} h_i} \tag{6-21}$$

式中　γ_p——加权平均重度,kN/m^3;

c_p——加权平均黏聚力,kPa;

φ_p——加权平均内摩擦角,(°);

h_i——第 i 层土的厚度,m;

γ_i——第 i 层土的重度,kN/m³;

c_i——第 i 层土的黏聚力,kPa;

φ_i——第 i 层土的内摩擦角,(°)。

用汉森极限荷载公式计算地基容许承载力时,其安全系数 K 取值 2~2.5,即地基的容许承载力为:

$$f = \frac{P_u}{K} \tag{6-22}$$

【例 6-1】 某条形基础承受中心荷载,其底面宽 $b=2$ m,埋置深度 $d=1$ m,地基土的重度 $\gamma=20$ kN/m³,内摩擦角 $\varphi=20°$,黏聚力 $c=30$ kPa,试用理论公式确定地基容许承载力。

解:1. 计算地基的临塑荷载 P_{cr}

由已知内摩擦角 $\varphi=20°$,查表 6-1 可得:$N_d=3.1$、$N_c=5.6$。

$$P_{cr} = N_d \gamma d + N_c c = 3.1 \times 20 \times 1 + 5.6 \times 30 = 230(\text{kPa})$$

2. 计算地基的临界荷载

由已知内摩擦角 $\varphi=20°$,查表 6-1 可得:$N_d=3.1$、$N_c=5.6$、$N_{\frac{1}{4}}=0.5$(受中心荷载)。

$$P_{\frac{1}{4}} = N_{\frac{1}{4}}\gamma b + N_d\gamma d + N_c c = 0.5 \times 20 \times 2 + 230 = 250(\text{kPa})$$

3. 计算地基的极限荷载

由已知内摩擦角 $\varphi=20°$,查图 6-3 可得:$N_r=4$、$N_c=17.5$、$N_q=7$,按太沙基公式:

$$P_u = \frac{1}{2}\gamma b N_r + cN_c + \gamma d N_q = \frac{1}{2} \times 20 \times 2 \times 4 + 30 \times 17.5 + 20 \times 1 \times 7 = 745(\text{kPa})$$

用太沙基极限荷载公式计算地基容许承载力时,其安全系数 K 应取 3.0,即地基的容许承载力为

$$f = \frac{P_u}{K} = \frac{745}{3} = 248.3(\text{kPa})$$

任务二　按规范方法确定地基容许承载力

现行《公路桥涵地基与基础设计规范》(JTG 3363—2019),根据大量的地基荷载试验资料和已建成桥梁的使用经验,经过统计分析,给出了各类土的地基容许承载力值表及修正计算公式。由于按规范确定地基容许承载力比较简便和准确,所以该方法广泛应用于公路一般的桥涵基础设计。但应指出,由于我国地域广阔,土质情况比较复杂,制定规范时所收集的资料其代表性有很大的局限性。因此,有些地区较特殊土类和性质比较复杂的土类,在规范中均未列入,此时就应按规范要求,采用多种方法综合分析确定。按规范确定地基容许承载力的方法就是先根据地基土的类别和物理性质,从相应的表格中找出其相应的地基容许承载力,然后再按修正计算公式算出修正后的地基容许承载力值。

从上节讨论临界荷载及极限荷载的计算进而知道，地基容许承载力是和土的性质、基础宽度和基础埋置深度三方面因素有关的。因此，规范中所给出的地基容许承载力表及修正计算公式也应该与这三方面的因素有关。规范中的地基容许承载力表，只给出了当设计的基础宽度 $b\leqslant 2$ m、埋置深度 $d\leqslant 3$ m 时的地基容许承载力，用 $[\sigma_0]$ 表示。当设计的基础宽度和埋置深度符合上述条件时，地基容许承载力值就可以根据土的物理力学性质指标，直接查表选用；若设计的基础宽度或埋置深度超过上述范围时，则地基容许承载力值将在 $[\sigma_0]$ 的基础上，按规范给出的修正计算公式予以修正提高。该修正计算公式为

$$[\sigma]=[\sigma_0]+k_1\gamma_1(b-2)+k_2\gamma_2(d-3) \tag{6-23}$$

式中　$[\sigma]$——按设计的基础宽度和埋置深度修正后的地基容许承载力，kPa；

$[\sigma_0]$——查规范的表（见表 6-5~表 6-10）得到的地基土的容许承载力，kPa；

b——基础底面的宽度（或直径），当 $b<2$ m 时，取 $b=2$ m 计算，当 $b>10$ m 时，按 $b=10$ m 计算；

d——基础的埋置深度，m，对于受水流冲刷的基础，由一般冲刷线算起，不受水流冲刷的基础，由天然地面算起，位于挖方内的基础，由挖方后的地面算起，当 $d<3$ m 时，取 $d=3$ m 计算；

γ_1——基础底面下持力层土的重度，kN/m³，如持力层在水下且为透水性土时，应采用浮重度；

γ_2——基础底面以上土的重度，kN/m³，多层土时采用各层土的重度按其厚度的加权平均值，若持力层在水下层且是不透水的，则不论基底以上土的透水性如何，应一律采用饱和重度，如持力层为透水的，则采用浮重度；

k_1、k_2——地基土的容许承载力随基础宽度和埋置深度的修正系数，按持力层土的类别和性质由表 6-11 查得。

表 6-5　一般黏性土的容许承载力 $[\sigma_0]$

e	I_L												
	0	0.1	0.2	0.3	0.4	0.5	0.6	0.7	0.8	0.9	1.0	1.1	1.2
0.5	450	440	430	420	400	380	350	310	270	240	220	—	—
0.6	420	410	400	380	360	340	310	280	250	220	200	180	—
0.7	400	370	350	330	310	290	270	240	220	190	170	160	150
0.8	380	330	300	280	260	240	230	210	180	160	150	140	130
0.9	320	280	260	240	220	210	190	180	160	140	130	120	100
1.0	250	230	220	210	190	170	160	150	140	120	110	—	—
1.1	—	—	160	150	140	130	120	110	100	90	—	—	

注：1. 一般黏性土是指第四纪全新世沉积的黏性土。

2. 土中含有粒径大于 2 mm 的颗粒超过全部重量 30%以上，$[\sigma_0]$ 值可提高。

3. 当 $e<0.5$ 时，取 $e=0.5$；当 $I_L<0$ 时，取 $I_L=0$。此外，超过表列范围的，$[\sigma_0]=57.22E_s^{0.57}$。

表 6-6　老黏性土的容许承载力[σ_0]

E_s/MPa	10	15	20	25	30	35	40
[σ_0]/MPa	380	430	470	510	550	580	620

表 6-7　新近沉积黏性土的容许承载力[σ_0]

e	I_L		
	≤0.25	0.75	1.25
≤0.8	140	120	100
0.9	130	110	90
1.0	120	100	80
1.1	110	90	—

表 6-8　砂土的容许承载力[σ_0]

土名	湿度	密实程度			
		密实	中密	稍密	松散
砾砂、粗砂	与湿度无关	550	430	370	200
中砂	与湿度无关	450	370	330	150
细砂	水上	350	270	230	100
	水下	300	210	190	—

注：1. 砂土的密实度按相对密度或标准贯入试验确定。

2. 在地下水位以上的地基土的湿度称为水上。

3 在地下水位以下的地基土的湿度称为水下。

表 6-9　碎石土地基的容许承载力[σ_0]

土名	密实程度				土名	密实程度			
	密实	中密	稍密	松散		密实	中密	稍密	松散
卵石	1 200~1 000	1 000~650	650~500	500~300	圆砾	800~600	600~400	400~300	300~200
碎石	1 000~800	800~550	550~400	400~200	角砾	700~500	500~400	400~300	300~200

注：1. 硬质岩碎石，充填砂土者取高值，软质岩碎石，充填黏土者取低值。

2. 半胶结的碎石土，可按密实的同类土提高 10%~20%。

3. 松散的碎石土在天然河床中很少见，须特别注意鉴定。

4. 漂石、块石可参照卵石、碎石适当提高。

表 6-10　岩石地基的容许承载力[σ_0]

岩石名称	岩石破碎程度		
	碎石状	碎块状	大块状
硬质岩(R_s^i>30 MPa)	1 500~2 000	2 000~3 000	>4 000
软质岩(R_s^i=5~30 MPa)	800~1 200	1 000~1 500	1 500~3 000
极软岩(R_s^i<5 MPa	400~800	600~1 000	800~1 200

注:1. 表中 R_s^i 为岩块单轴抗压强度。表中数值视岩块强度、厚度、裂隙发育程度等因素适当选用。易软化的岩石及极软岩受水浸泡时,宜用较低值。

2. 软质岩强度 R_s^i 高于 30 MPa 者仍按软质岩计。

3. 岩石已风化成砾、砂、土状的(风化残积物),可比照相应的土类定其[σ_0]。如颗粒间有一定的胶结力,可比照相应的土类适当提高。

4. 岩石的分类、风化程度、软化系数、破碎程度的划分,参照规范执行。

表 6-11　地基的容许承载力修正系数 k_1、k_2

系数	黏性土				粉土	砂土								碎石土			
	老黏性土	一般黏性土		新近沉积黏性土	—	粉砂		细砂		中砂		砾砂、粗砂		碎石、圆砾、角砾		卵石	
		$I_L \geq 0.5$	$I_L < 0.5$		—	中密	密实	中密	密实	中密	密实	中密	密实	中密	密实	中密	密实
k_1	0	0	0	0	0	1.0	1.2	1.5	2.0	2.0	3.0	3.0	4.0	3.0	4.0	3.0	4.0
k_2	2.5	1.5	2.5	1.0	1.0	2.0	2.5	3.0	4.0	4.0	5.5	5.0	6.0	5.0	6.0	6.0	10.0

注:1. 对于稍松状态的砂土和松散状态的碎石,k_1、k_2 值可采用表列中密值的 50%。

2. 节理不发育或较发育的岩石不作宽、深修正,节理发育或很发育的岩石,k_1、k_2 可参照碎石的系数,但对于已风化成砂、土状者,则参照砂土、黏性土的系数。

3. 冻土的 $k_1=0$、$k_2=0$。

式(6-23)中的第二项和第三项分别表示基础宽度和深度修正后的地基容许承载力提高值。应该指出,确定地基容许承载力时,不仅要考虑地基强度,还要考虑基础沉降的影响。因此,在表 6-11 中黏性土的宽度修正系数 k_1 均等于零,这是因为黏性土在外荷载作用下,后期沉降量较大,基础越宽,沉降量也越大,这对桥涵的正常运营很不利,故除在制定基本承载力时已经考虑基础平均宽度的影响外,一般不再作宽度修正。而砂土等粗颗粒土,其后期沉降量较小,对运营影响不大,故可作宽度修正提高。此外,在进行宽度修正时,还规定若基础宽度 b>10 m 时,只能按 b=10 m 计算修正,这是因为 b 越大,基础沉降越大,故须对宽度修正作一定的经验性限制。

在进行深度修正时,规定只有在基础相对埋深 $\frac{h}{b} \leq 4$ 时才能修正。这是因为上述的修正式(6-23)是按照浅基础概念制定的,当 $\frac{h}{b}>4$ 时,已经属于深基础范畴,故不能按式(6-23)修正,须另行考虑。

规范还指出，当墩台建在水中而其基底土又为不透水层时，自平均常水位至一般冲刷线处，水深每米基底容许承载力可增加 10 kPa；当作用不同的荷载组合时，地基土的容许承载力可以乘以表 6-12 所列系数 K 后提高；当受地震力作用时，应按《公路工程抗震设计规范》规定采用。

表 6-12　地基的容许承载力提高系数

序号	荷载与使用情况	提高系数 K
一	荷载组合Ⅰ	1.00
二	荷载组合Ⅱ、Ⅲ、Ⅳ、Ⅴ	1.25
三	经多年压实未被破坏的旧桥基	1.50

注：1. 荷载组合Ⅴ中，当承受拱施工期间的单向恒载推力时，$K=1.25$。
2. 各项提高系数不得互相叠加。
3. 岩石旧桥基的容许承载力不得提高。
4. 容许承载力小于 150 kPa 的地基，对于表列第二项情况，$K=1.00$；对于第三项及注 1 情况，$K=1.25$。
5. 表中荷载组合Ⅰ如包括由混凝土收缩及徐变或水浮力引起的荷载效应，则与荷载组合Ⅱ相同对待。

思考题

1. 什么是地基容许承载力？
2. 解释临塑荷载、临界荷载、极限荷载。
3. 简述太沙基公式、汉森公式各自适用范围。

习　题

1. 某条形基础承受中心荷载，其底面宽 $b=3$ m，埋置深度 $d=2$ m，地基土的重度 $\gamma=20\ \text{kN/m}^3$，内摩擦角 $\varphi=30°$，黏聚力 $c=20$ kPa，试用理论公式确定地基容许承载力。

项目七　土在动荷载下的力学性质

知识目标

1. 理解土的压实特性；
2. 掌握土的击实试验原理及方法；
3. 掌握影响压实特性的因素；
4. 理解土在动荷载下的变形特性；
5. 理解砂土液化原理。

能力目标

1. 会做击实试验及数据处理；
2. 会分析土的压实特性。

思政目标

学习土的压实性对工程的意义，理解理论联系实际的重要性。

任务一　土的压实性

一、土的压实性对工程的意义

在工程建设中，经常遇到填土和软弱地基，为了改善这些土的工程性质，常采用压实的方法使土变得密实，这往往是一种经济合理地改善土的工程性质的方法。这里所说的使土变密实的方法即土的压实性，是指采用人工或机械对土施以夯实、振动作用，使土在短时间内压实变密，获得最佳结构，以改善和提高土的力学强度的性能，或者称为土的击实性。它既不同于静载作用下的排水固结过程，也不同于一般压缩过程，而是在不排水条件下，由外部的夯压功能使土在短时间内得到新的结构强度，包括增强粗粒土之间的摩擦和咬合，以及增加细粒土之间的分子引力以改善土的性质。

工程建设中经常会遇到需要将土按一定要求进行堆填和密实的情况，如路堤、土坝、挡土墙、埋设管道、基础的垫层及回填土等，都是把土作为建筑材料，按一定要求和范围进行堆填而成。填土不同于天然土层，因为经过挖掘、搬运之后，原状结构已被破坏，含水率亦已变化，堆填时必然在土团之间留下许多大孔隙。未经压实的填土强度低，压缩性大而且不均匀,遇水易发生陷坍、崩解等都是显而易见的。为使其满足工程要求,必须按一定标准压实。特别是像道路路堤这样的土工构筑物,在车辆的频繁运行和反复动荷载作用下,可能出现不均匀或过大的沉陷或坍落甚至失稳滑动,从而恶化运营条件及增加维修工作量,所以路堤、机场跑道等填土工程必须按一定标准压实使之具有足够的密实度。所谓"足够的密实度",是指通过在标准压实条件下获得压实填土的最大干密度和相应的最佳含水率,以确保行车平顺和安全。对于松散土层构成的路堑地段的路基面,为改善其工作条件也应予以压实。

土的压实性也用在地基处理方面,如用重锤夯实处理松软土地基使之提高承载力。早先的重锤夯实多用于地基表层松软或地基的设计荷载较小时。目前对于松软地基土较厚或设计荷载较大时也可以用高功能的夯压法即所谓强夯法(这方面的详细内容在地基处理中讲授)。

实践表明,由于土的基本性质复杂多变,不同土类对外界因素作用的反应当然也不同。因此,就土的压实而言,同一压实功能对于不同状态的土的压实效果可以完全不同,而为了达到同样的压实效果又可能花费相当大的不符合技术经济要求的代价。因此,为了技术上的可靠和经济上的合理,就需要了解土的压实特性与变化规律,以利于工程实践。本节从土质学与土力学的角度介绍土压实的机制、压实土的力学特性与指标及压实特性在现场填土中的应用。至于其他有关土压实中的问题,如土料选择、堆填要求、施工方法等内容将在以后的专业课程中介绍,在此均不涉及。

在此还应指出,土的压实性或称击实性与土的压缩性,不仅因荷载性质决定了概念上的差异,而且两者在试验的目的、要求和方法上以及所要获取的指标数据等方面也是不同的。

二、击实试验与土的压实特性

(一)击实试验

击实试验是研究土的压实性能的室内基本试验方法。击实是指对土瞬时地重复施加一定的机械功能使土体变密的过程。在击实过程中,由于击实功是瞬时地作用于土,土中气体有所排出,而土中含水率则基本不变,因此土样可以预先调制成所需含水率,再将它击实成所需要的密度。

击实试验所用的主要设备是击实仪。目前我国通用的击实仪有两种,即轻型击实仪和重型击实仪,并根据击实土的最大粒径,分别采用两种不同规格的击实筒。大击实筒适用于最大粒径为 40 mm 的土,小击实筒适用于最大粒径为 20 mm 的土。击实仪的基本部分都是击实筒和击实锤,前者是用来盛装制备土样,后者对土样施以夯实功能。击实试验时,将含水率为一定值的土样分层装入击实筒内,每铺一层后都用击实锤按规定的落距锤击一定的次数;然后由击实筒的体积和筒内被击实土的总质量算出被击实土的湿密度,从已被击实的土中取样测定其含水率 w,由下式算出击实土样的干密度 ρ_d(它可以反映出被击实土的密度)。

$$\rho_d = \frac{\rho}{1 + w} \tag{7-1}$$

这样通过对一个土样的击实试验就得到一对数据,即击实土的含水率 w 和干密度

ρ_d。对一组不同含水率的同一种土样按上述方法做击实试验，便可得到一组成对的含水率和干密度，将这些数据绘制成击实曲线。它表明在一定击实作用下土的含水率与干密度的关系。

（二）土的压实特性

1. 击实曲线性状

击实试验所得到的击实曲线是研究土的压实特性的基本关系图。从图 7-1 可见，击实曲线（ρ_d-w 曲线）上有一峰值，此处的干密度最大，称为最大干密度 ρ_{dmax}。与之对应的制备土样含水率则称为最佳含水率 w_{op}（或称最优含水率）。峰点表明，在一定的击实功作用下，只有当压实土料为最佳含水率时，压实效果最好，土才能被击实至最大干密度，达到最为密实的填土密度。而土的含水率小于或大于最佳含水率时，所得干密度均小于最大值。

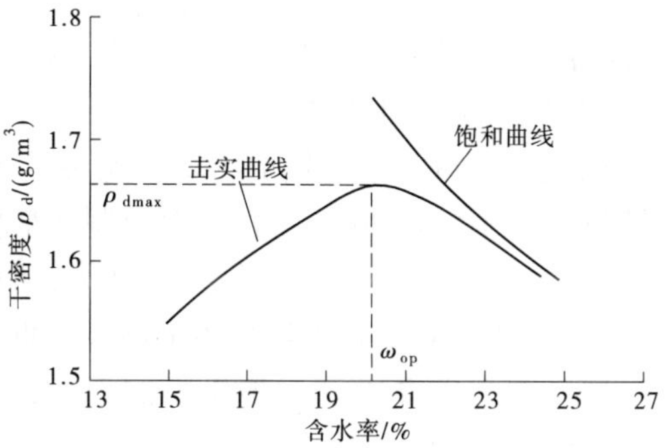

图 7-1　击实曲线

最佳含水率 w_{op} 和最大干密度 ρ_{dmax} 这两个指标是十分重要的，对于路基设计和施工都是很有用处的。最佳含水率与塑限 w_P 相接近。在击实试验时可取 $w_{op}=w_p$ 或 $\omega_{op}=w_p+2$，也可用经验公式 $w_{op}=(0.65\sim0.75)w_L$（最佳含水率与液限含水率的关系）等作为选择合适的制备土样含水率范围，在缺乏试验资料时参考采用。

表 7-1 给出了塑性指数 $I_P<22$ 的土的最佳含水率的经验数值。

表 7-1　最佳含水率经验数值

塑性指数 I_P	最大干密度 ρ_d/(g/cm³)	最佳含水率 ω_{op}/%
<10	>1.85	<13
10~14	1.75~1.85	13~15
14~17	1.70~1.75	15~17
17~20	1.65~1.70	17~19
20~22	1.60~1.65	19~21

从图 7-1 的曲线形态还可看到，曲线左段比右段的坡度陡。这表明含水率变化对于干密度的影响在偏干（指含水率低于最佳含水率）时比偏湿（指含水率高于最佳含水率）时更为明显。

在图 7-1 中还给出了饱和曲线,它表示当土处于饱和状态时的 ρ_d-w 关系。从饱和曲线与击实曲线的位置关系可看出,击实曲线在峰值以右逐渐接近于饱和曲线,并且大体上与它平行。在峰值以左,则两根曲线差别较大,而且随着含水率减小,差值迅速增加。击实土是不可能被击实到完全饱和状态的。试验证明,黏性土在最佳击实情况下(击实曲线峰点),所相应的饱和度约为 80%。这一点可以这样来理解:当土的含水率接近和大于最佳值时,土孔隙中的气体越来越处于与大气不连通的状态,击实作用已不能将其排出体外,亦即击实土是不可能被击实到完全饱和的。因此,当干密度相同时击实曲线上各点的含水率都小于饱和曲线上相应的含水率,也就是击实曲线必然位于饱和曲线的左下侧而不可能与饱和曲线有交点。还可注意到,这里讨论的是黏性土,黏性土的渗透性小,在击实碾压的过程中,土中水来不及渗出,击实的过程可以认为含水率保持不变,因此对于饱和曲线来说必然是含水率愈高得到的压实干密度愈小。

2. 填土的含水率的控制

由于黏性土存在着最佳含水率,因此在填土施工时应将土料的含水率控制在最佳含水率左右,以期用较小的能量获得最好的密度。当含水率控制在最佳含水率的干侧时(小于最佳含水率),击实土的结构具有凝聚结构的特征。这种土比较均匀,强度较高,较脆硬,不易压密,但浸水时容易产生附加沉降。当含水率控制在最佳含水率的湿侧时(大于最佳含水率),土具有分散结构的特征。这种土的可塑性大,适应变形的能力强,但强度较低,且具有不等向性。所以,含水率比最佳含水率偏高或偏低,填土的性质各有优缺点,在设计土料时要根据对填土提出的要求和当地土料的天然含水率,选定合适的含水率,一般选用的含水率 w_{op} 要求在±(2%~3%)范围内。

3. 不同土类与不同击实功能对压实特性的影响

在同一击实功能条件下,不同土类的击实特性不一样。图 7-2 是 5 种不同土料的击实试验结果。图 7-2(a)是其不同的粒径曲线,图 7-2(b)是 5 种土料在同一标准击实试验中所得到的 5 条击实曲线。从图可见,含粗粒越多的土样,其最大干密度越大,而最佳含水率越小,即随着粗粒土增多,曲线形态虽不变但峰点向左上方移动。

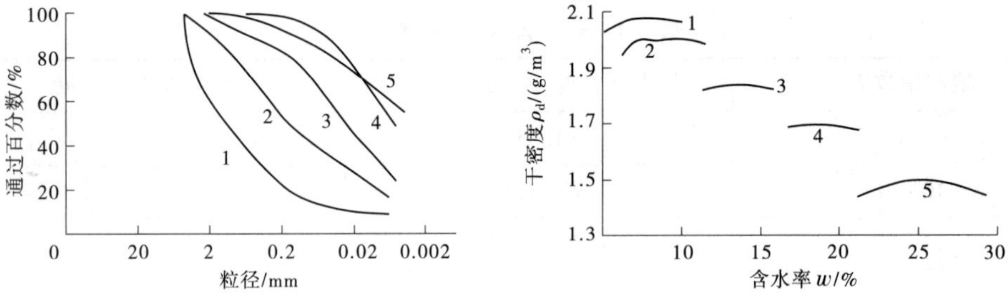

图 7-2　各种土的击实曲线

图 7-3 也反映出土粒状态不同对击实结果的影响。从图中可见,在击数相同时,图中曲线 b 比曲线 a 具有高得多的最大干密度和低得多的最佳含水率,而图中曲线 b 的黏粒含量及塑性指数均比图中曲线 a 小。

同一种土,在不同的击实功能作用下得到的击实曲线如图 7-4 所示。曲线表明,随着击实功能的增大,击实曲线形态不变,但位置发生了向左上方的移动,即 ρ_{dmax} 增大了,而 w_{op} 减小了。所以,对于同一种土,最佳含水率和最大干密度并不是恒定值,而是随着击实功能而变化。图中的曲线形态还表明,当土为偏干时,增加击实功对提高干密度的影响较大,偏湿时则收效不大,故对偏湿的土企图用增大击实功的办法提高它的密度是不经济的。

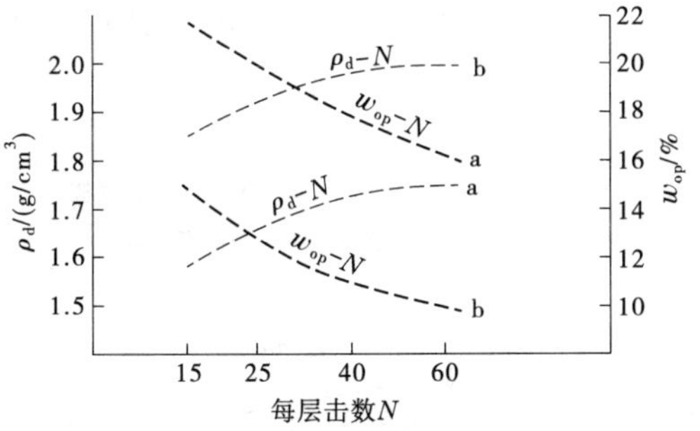

图 7-3　不同土料的击实效果

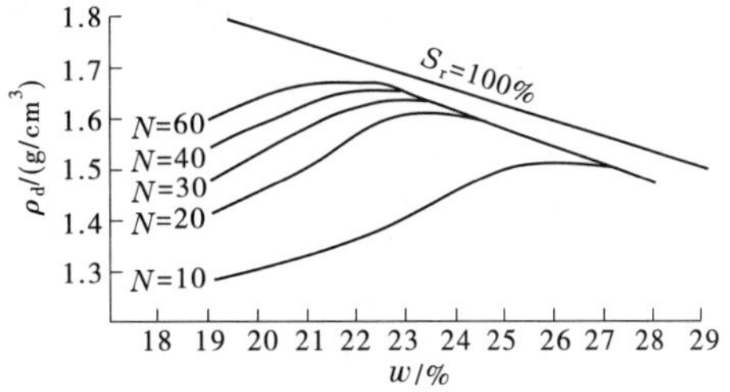

图 7-4　击实功能对击实曲线的影响

4. 土的压实特性的机制解释

上述击实曲线所反映的变化说明土压实性的复杂,其内在机制解释或者所谓压实理论尚在发展中。由于有些因素无法或难以测定,以致自普罗特在 20 世纪 30 年代提出水膜润滑理论至今,虽然已作了一些有一定实用意义的推理,但还没有公认的完整的压实理论。直至 20 世纪 70 年代,经过学者们不断地研究和探索,基本上认为土的压实特性同土的组成、结构、土粒的表面现象、毛细管压力、孔隙水和孔隙气压力等均有关系,所以因素是复杂的。但可以这样简要地理解:压实的作用是使土块变形和结构调整以致密实。在松散湿土的含水率处于偏干状态时,由于粒间引力(可能还包括了毛细管压力)使土保持着比较疏松的状态或凝聚状态,土中孔隙大都相互连通,水少而气多,在一定的外部压实功能作用下,虽然土孔隙中气体易被排出,密度可以增大,但由于水膜润滑作用不明显以及外部功能也不足以克服粒间引力,土粒相对移动便不显著,因而压实效果比较差;含水率逐渐加大时,水膜变厚、土块变软,引力也减弱,施以外部压实功能则土粒移动(加以水膜之润滑)而挤密,压实效果渐佳;在最佳含水率附近时,虽然土中孔隙更少连通或不连通,孔隙中的水和气处于封闭状态而不能排出以及击实时土内产生的孔隙水压力虽也减少了击实功能作用,但试验结果却证明,这时土中所含的水量,最有利于土粒受击实时发生相对移动使土变密,以至能被击实至最大干密度,或者说,在最佳含水率时土的密度达到了该压实功能下的极限值,干密度不再提高;当含水率再增加到偏湿状态时,孔隙中出现了自由水,击实时不可能使土中气体排出而孔隙压力却更为显著,抵消了部分击实功,所以击实功效反而下降。

由上述可见,构成土的压实特性变化外观因素主要有三个方面:土类、制备含水率(反映土的原始物理状态)和外部击实功能大小。这三者的不同组合与作用通过土的颗粒变位、结构调整、引力和孔隙压力(包括水和气)的作用等内在因素表现出不同的结果。

5. 压实特性在现场填土中的应用

上述所揭示的土的压实特性均是从室内击实试验中得到的。但工程上的填土压实如路堤施工填筑的情况与室内击实试验在条件上是有差别的,例如现场填筑时的碾压机械和击实试验的自由落锤的工作情况就不一样,前者是碾压,后者则是冲击。现场填筑中土在填方中的变形条件与击实试验时土在刚性击实筒中的也不一样,前者可产生一定的侧向变形,后者则完全受侧限。目前还未能从理论上找出二者的普遍规律。但为了把室内击实试验的结果用于设计和施工,必须研究室内击实试验和现场碾压的关系。图 7-5 是羊足碾不同碾压遍数的工地试验结果与室内普氏试验结果的比较。图 7-6 是某坝工地羊足碾试验结果与南实处型击实试验结果的比较。

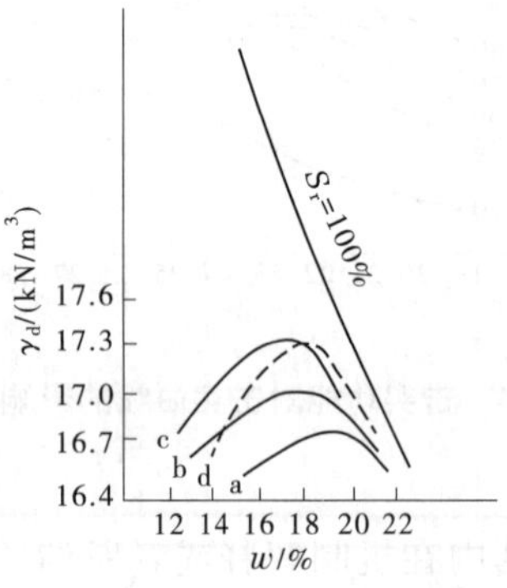

a—羊足碾,碾压 6 遍;b—羊足碾,碾压 12 遍;
c—羊足碾,碾压 24 遍;d—普氏击实仪。

图 7-5　工地试验与普氏击实试验的比较

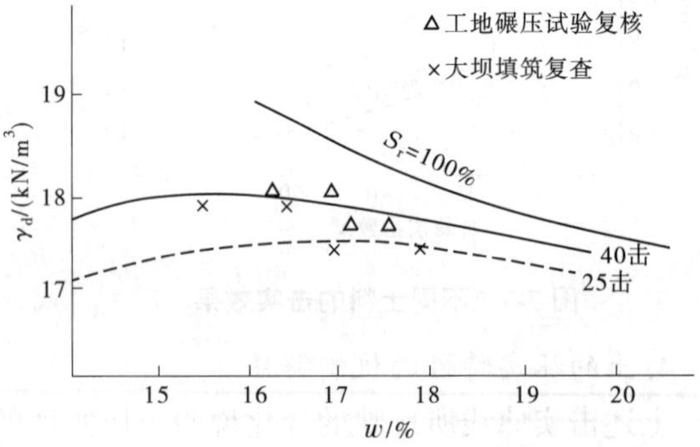

图 7-6　工地试验与击实试验对比

图 7-5、图 7-6 的比较说明用室内击实试验来模拟工地压实是可靠的。为便于工地压实质量的施工控制,可采用系数 K,由式(7-2)表示:

$$K = \frac{\gamma'_d}{\gamma_d} \tag{7-2}$$

式中　γ_d——室内试验得到的最大干重度;

γ'_d——工地碾压时要求达到的干重度。

K 值越接近于 1,表示对压实质量的要求越高,这应用于主要受力层或者重要工程中;对于路基的下层等次要工程,K 值应取得小一些。

从工地压实和室内击实试验对比可见,击实试验既是研究土的压实特性的室内基本方法,而又对于实际填方工程提供了两方面用途:一方面是用来判别在某一击实功作用下土的击实性能是否良好及土可能达到的最佳密实度范围与相应的含水率值,为填方设计(或为现场填筑试验设计)合理选用填筑含水率和填筑密度提供依据;另一方面是为制备试样以研究现场填土的力学特性时,提供合理的密度和含水率。

三、压实土的力学特性

(一)变形特性

压实土的压缩性取决于它的密度和加荷时的含水率,以击实土作压缩试验时可以发现,在某一荷载作用下,有些土样压缩稳定后,如加水使之饱和,土样就会在同一荷载作用下出现明显的附加压缩,而这一现象的出现与否和击实试验时的含水率很有关系。如填筑含水率偏干,击实土的结构较为疏松,土粒周围的水膜也薄,外部击实功未能使土粒之间明显移位变密。但一旦遇水,水膜变厚,引力减小,土粒之间易于移动而出现附加压缩。而且这种附加压缩随含水率低于或高于最佳含水率之不同而不同。表 7-2 中的数据表明,尽管土的干重度相同,但偏湿土样的附加压缩的增加比偏干时的附加压缩的增长来得大。这一现象在路堤填筑工程的设计与施工控制中必须引起注意,特别是被水浸润的路堤构筑物可能因此造成损坏和行车不安全。为了消除这一不利影响,就有必要确定填土受水饱和时不会产生附加压缩所需的最小含水率,以对填土含水率提出要求。

表 7-2　不同的填筑含水率时试样的附加压缩量(压缩试验中的体变值)　　单位:mm

有效轴向荷载/kPa	填筑条件		
	低于最佳值 1% ($\gamma_d = 17.76\ kN/m^3$)	最佳含水率时 ($\gamma_{dmax} = 17.84\ kN/m^3$)	高于最佳值 1% ($\gamma_d = 17.76\ kN/m^3$)
175	1.9	1.9	2.3
700	2.9	3.7	4.8
1 225	5.2	5.9	7.6
1 750	6.8	7.8	9.0

图 7-7 中最下面 1 根实线是粉质黏土的击实曲线。其上有 3 根实线和 3 根虚线,它们表示不同含水率的试样在标明的荷载作用下进行压缩试验所得的含水率与干重度关系。压实曲线是按照一般试验方法压缩至稳定所得的成果。因此,在相同荷载下的虚、实曲线间纵距,即为在该荷载下试样受水饱和后所产生之附加压缩量(如图中之 *A*、*B* 两点)。联结各荷载的虚、实曲线的交点得 *CD* 曲线,此线上各点的纵横坐标值,将分别表示不同填筑密度时试样不因受水饱和而产生附加压缩的最低含水率。

填土的压缩性在保证一定密度条件下会大为减小,这从压实土的变形模量 E 与干重度 γ_d 的变化关系图 7-8 中也可观察到。图中表明,当该地填土 $\gamma_d > 16.5\ kN/m^3$ 之后,变形模量 E 显著提高了。这对于作为建筑物地基的填土是十分重要的。

(二)强度特性

对于某一击实方法来说,压实土的抗剪强度性状取决于受剪时的密度和含水率。填筑含水率对强度的影响,在偏干和偏湿时均不相同。

图 7-9 表示同一种土的两个含水率不同(偏干和偏湿)的试样的无侧限抗压强度试验($\sigma_3 = 0$)曲线。由图 7-9 可见,偏干试样强度大,但试样具有明显的脆性破坏特点。图 7-10 则是同样条件的试样,但是进行三轴不固结不排水(UU)试验和固结不排水(CU)试验的对比曲线,试验时所施加的侧压力同为 $\sigma_3 = 175\ kPa$。图 7-10 中可见,当试样受到一定大小的侧压力时,偏干试样强度也大,但都不呈现明显的脆性破坏特性。在现场填筑工程中,填方处于不固结不排水情况,所以就强度而言,用偏干的土去填筑是大有好处的。这

一室内试验得出的结论已为相当多的现场施工实践所证实。

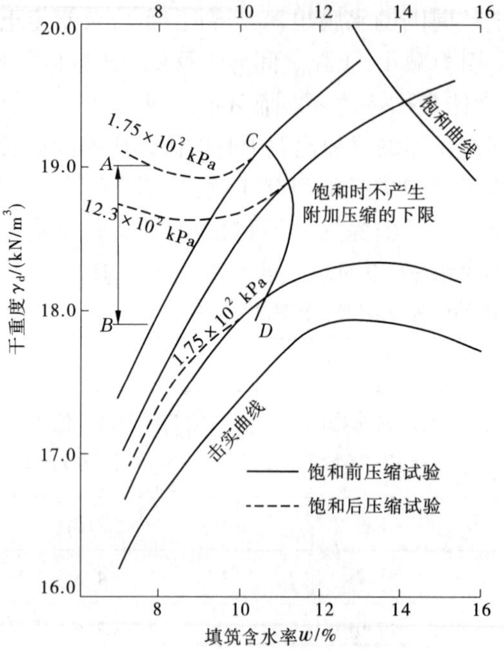

图 7-7　不同含水率的土压缩试验后的 w-γ_d 的关系

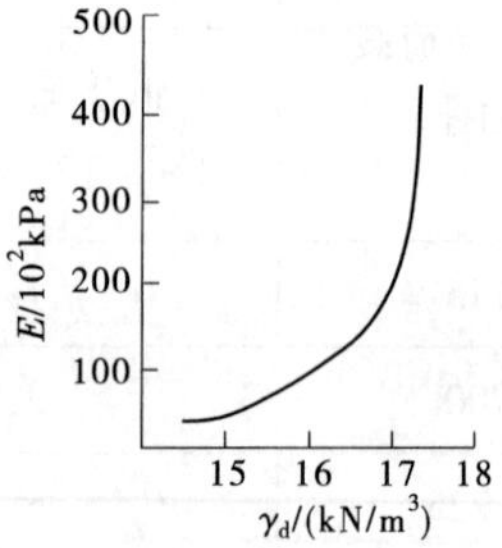

图 7-8　变形模量与干重度的关系曲线

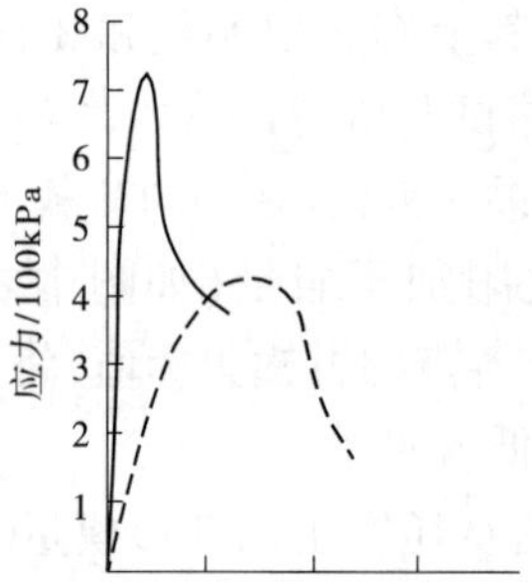

图 7-9　不同含水率时土的无侧限抗压强度试验

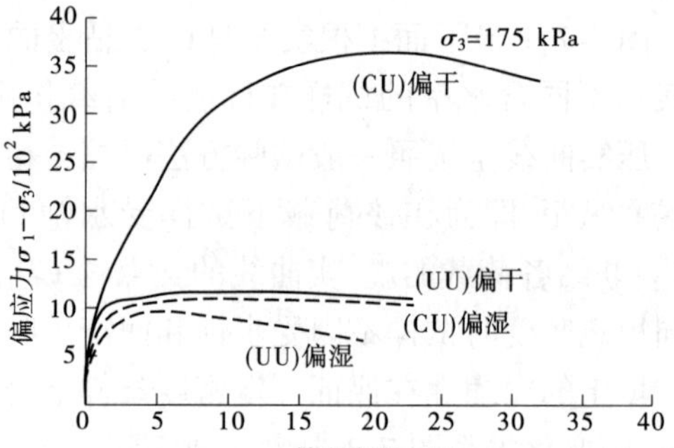

图 7-10　不同含水率时土的三轴试验

图 7-11 为含水率、干重度对强度的影响。从图中可见，当土的含水率低于最佳含水率时(偏干状态)，虽然干重度比较小，强度却比最大重度时大得多。这是因为此时的击实功虽未使土达到最密状态，但它克服了土粒间引力等的联结形成了新的结构，能量转化为土的强度的提高。而且比较大的击实功能既提高了土的密实度也提高了土的强度[从图 7-11(a)、(b)可见]。这就是说压实土的强度在一定条件下可以通过增加压实功能予以提高。

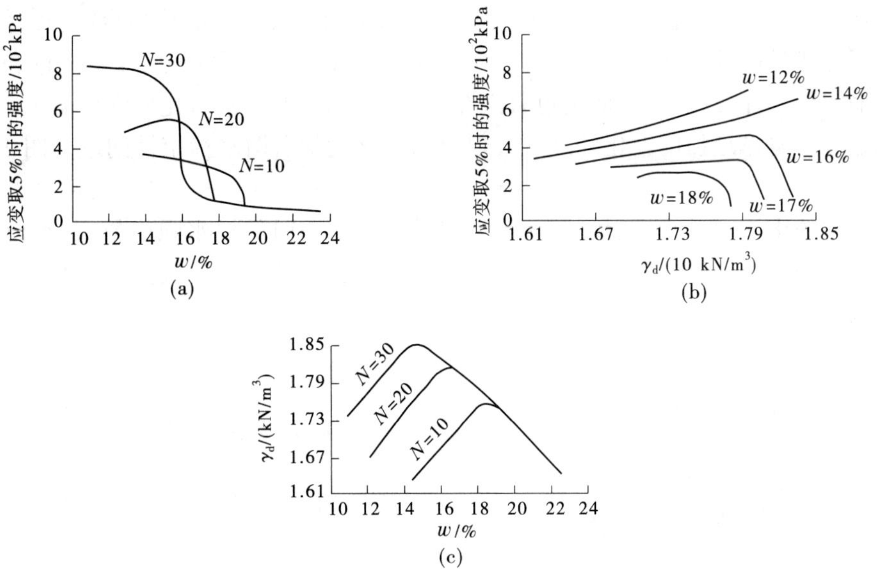

图 7-11 含水率、干重度对强度的影响

图 7-12 是某地填土抗剪强度 τ 值与夯实击数 N 的关系曲线。由图中可见，在夯实击数的基数较小时，N 每增加 10 次，强度提高得比较显著；而当夯实击数的基数较大时，N 同样增加 10 次时，强度便增加不多了。

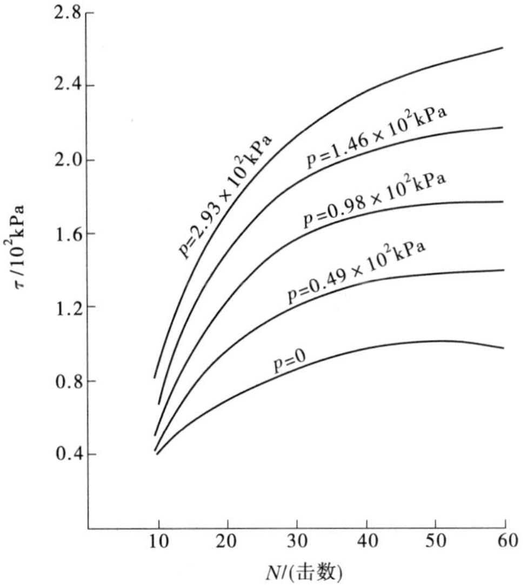

图 7-12 土体强度与击实功的关系

(三)强度软化与工程意义

上述关于压实土的强度试验结果说明,一般情况下,只要满足某些给定的条件,压实土的强度是比较高的。但正如关于它的压缩性特征研究所发现的压实土遇水饱和会发生附加压缩问题一样,在强度方面它也有潜在危险的一面,即浸水软化使强度降低(实际上附加压缩可以看作是强度软化的外观表现形态),这就是所谓水稳定性问题。图 7-13(a)是在常体积下浸水软化后不排水强度试验的结果。从图 7-13(a)看出,制备含水率低于最佳含水率的土样,水稳定性很差,而唯独在最佳含水率时的浸水强度最大,水稳定性也最好。图 7-13(b)中强度曲线峰值与压实曲线峰值位置是一致的,这就表明了为什么非常重视最佳含水率的道理。

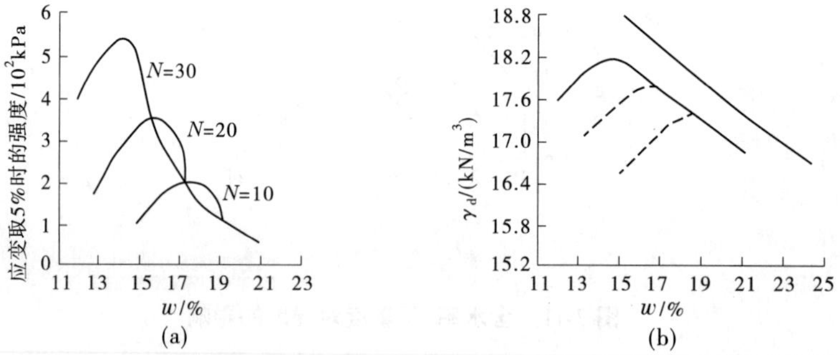

图 7-13　浸水软化后强度与含水率的关系

公路、铁路的路堤和堤坝等土工构筑物都无法避免浸水润湿,尤其是那些修筑于河滩地带的过水路堤,水稳定性的研究与控制更是重要。工程上常用抗剪强度水稳定性系数 η_τ 来表征,它是浸水软化后的强度与未浸水的强度的比值。显然,η_τ 越大,表示水稳定性越好。图 7-14 是 η_τ 与干重度 γ_d 和压实系数 K 之间的关系曲线。图中可以看到压实系数 K 的重要作用,压实系数取得过小,压实土的水稳定性就差;碾压时的含水率过小,也会使水的稳定性降低。

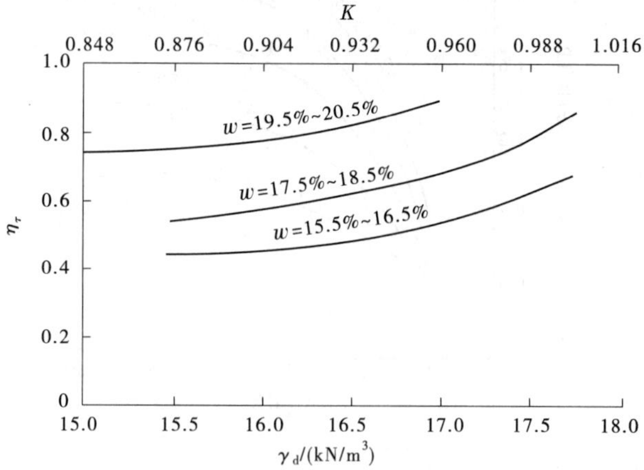

图 7-14　水稳定性系数和干重度的关系

任务二 土在动荷载作用下的力学性质

一、反复荷载下土的变形强度特征

车辆的行驶、风力、波浪、地震及机器的振动等都是作用在土体上的动力荷载。它的特点一是具有时间因素,二是荷载的反复性或周期性(加卸荷或者荷载变向)。一般对于加荷时间在 10 s 以上看作是静力问题,10 s 以下者则应作为动力问题。反复荷载作用的周期往往较短如几秒、几十分之一秒乃至几百分之一秒,反复次数从几次、几十次乃至千百万次。由于这两个特点,因此在动力条件下考虑土的变形和强度问题时往往都要考虑到速度效应和循环(振次)效应。前者是将加荷时间的长短换成加荷速度或相应的应变速度的快慢。速度不同,土的反应也不同。图 7-15 是加荷速度对应力-应变的影响,由图可见,慢速加荷时强度虽然低于快速加荷,但承受的应变范围较大。循环(振次)效应是指土的特性受荷载循环次数的影响情况。图 7-16 是说明振次效应的一个示例,图中,σ_f 表示静力破坏强度,σ_d 为动应力幅值,σ_s 是在加动应力前对土样所施加的一个小于 σ_f 的竖向静力偏应力。由图可见,振次 n 愈少,动力强度愈高。随着动荷载反复作用,土的强度降低,当反复作用 100 次时,土样的动强度($\sigma_d+\sigma_s$)几乎与静强度 σ_f 等同,再加大作用次数,动强度就会低于静强度。

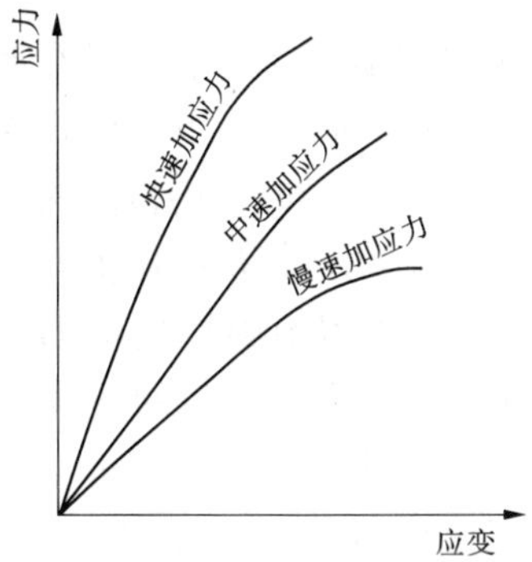

图 7-15 加荷速度对应力-应变的影响

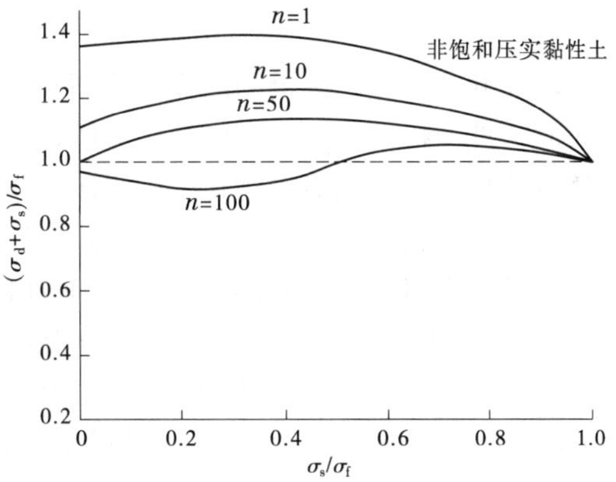

图 7-16 荷载振次对强度的影响

汽车、火车分别通过路面和轨道时,将动荷传到路基上,它们荷载的周期不规则,从 0.1 s 到数分钟,其特点是一个一个加荷,而且循环次数很多。因此,必须从防止土产生疲劳的角度考虑其性质变化。地震荷载也是随机作用的动载,一般为 0.03~0.1 s 的周期性作用。

在周期性的循环荷载作用下,土的变形强度特性已不能用静力条件下的概念和指标来表征,而需要了解动态的应力和应变及强度特性。影响土的动力特性的因素也包括周围压力、孔隙比、颗粒组成、含水率等,但同时它还受到应变幅值的影响,而且又以后者最为显著。同一种土,它的动力性状将会随着应变大小的不同而发生质的变化。日本石原研二的研究指出,只有当应变在 $10^{-6} \sim 10^{-4}$ 时,土的特性可以认为是属于弹性性质,一般由火车、汽车的行驶及机器基础等所产生的振动的反应都属于这种弹性特征,这种条件下土的动力参数等可在现场或室内进行测定研究;当应变在 $10^{-4} \sim 10^{-2}$ 时,土表现为弹塑性性质,在工程中,如打桩、地震等所产生的振动反应即属于此;当应变超过 10^{-2} 时,土将破坏或产生液化、压密等现象,这些土的特性可用频率为几周的循环荷载来确定。

最简单的反复荷载下的应力应变如图 7-17 所示,这是静三轴仪中为确定弹性模量(静弹模)所作的加卸荷试验曲线。图 7-18 则是动力试验中得到的剪应力-剪应变关系线,由于荷载周期变化而形成一个滞回圈。

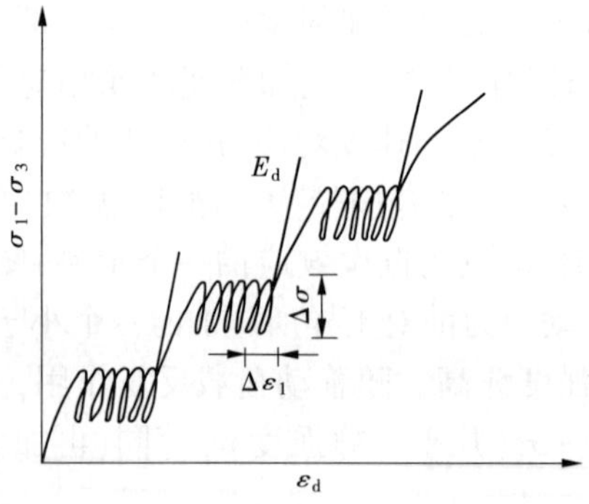

图 7-17　三轴试验确定土的弹性模量

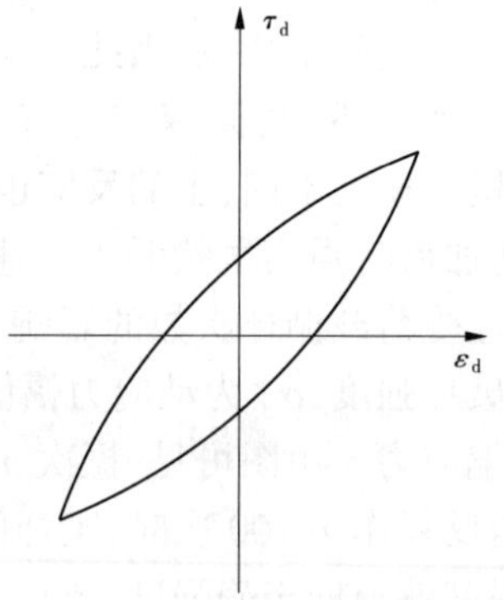

图 7-18　动力试验的剪应力-剪应变关系曲线

静三轴加卸荷试验所确定的静弹模及用动三轴试验得到的动弹模都是表示土在动力条件下变形特性的指标。前者是以静代动的拟静法确定弹性模量的方法,用来计算受瞬时或反复荷载作用时的沉降量。在工程实用上,由于动力分析的复杂性,常用拟静法来简化,如在海洋环境荷载及地震力作用下的地基承载力变形计算等,均可近似采用拟静法和拟静指标。试验表明,土的物理状态、固结压力和应变数量级等因素对弹性模量都有影响,其中尤以后者为最。对于某个既定土样而言,由于动应力与动应变之间的非线性关系,因此增大应变的数量级会降低弹性模量的数值。图 7-19 是试验所得弹性模量与应变的关系曲线,由图中可以看出应变对弹性模量的影响,此图的曲线规律可由式(7-3)表示:

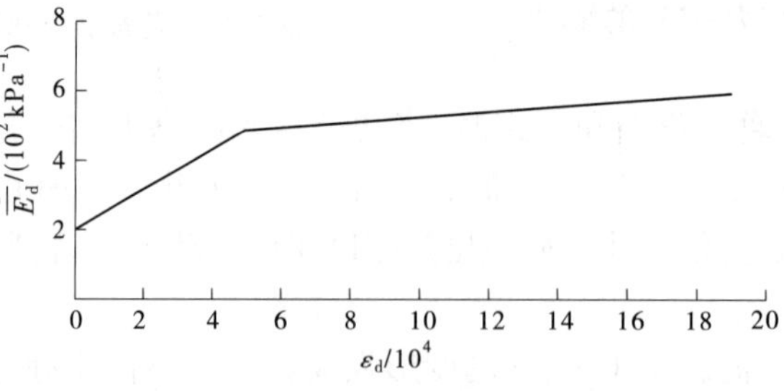

图 7-19　弹性模量与应变关系曲线

$$\frac{1}{E_d} = a + b\varepsilon_d \tag{7-3}$$

式中　E_d——弹性模量；

ε_d——竖向应变；

a、b——试验常数，不同的应变阶段，数值不同。

根据上海软土的 74 个试验资料，求得以孔隙比 e、平均固结压力 $\sigma_0 = \frac{1+2K_0}{3}\sigma_1$ 和应变 ε_d 表示的经验公式为

$$E_d = 0.23\frac{(2.5-e)^{\frac{1}{2}}}{1+e}\sigma_0^{\frac{1}{3}} \cdot \varepsilon_d^{-1} \tag{7-4}$$

上述可见，在选用弹性模量时，必须注意应变的数量级，否则会造成错误。

土在动力荷载下的抗剪强度即动强度问题不同于静强度，由于有了速度效应和循环效应，土的动强度试验确定比静强度较为复杂。在周期性循环荷载作用下土的动强度可能高于或低于静强度，要看土的类别、所处的应力状态及加荷速度、循环次数等而定。图 7-20 和图 7-21 分别表明了这种相互影响的关系。图 7-20 是饱和黏性土的振次 n 与强度的关系（图中应力符号意义同图 7-16），该土当振次小于 50 次时，动强度皆大于静强度。而非饱和击实黏性土的动强度试验则是如图 7-21 所示，当 $n<100$ 时，动强度皆大于静强度。对比图 7-16 和图 7-20 的结果也可看出，不同土类或不同状态的土样的动强度特性对于同一动力因素的反应是不同的。

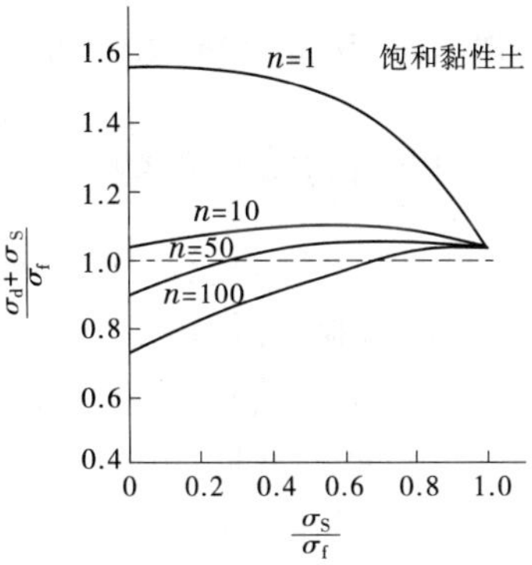

图 7-20　荷载振次对强度的影响

图 7-21 表明，如果对于给定的土样，在固结施加动应力之前，先在轴向上施加不同的静应力（偏应力），然后再施加相同大小的动应力，则各土样到达破坏时的循环次数就各不相同。静偏应力愈大，破坏所需的振次愈少。反之，就愈大。此外，若对各个土样施加同样大小的静应力，但由于动应力不同，则各土样达到破坏的振次也不一样，它将随动应力的增加而减少，如图 7-22 所示。

试验研究还表明，黏性土强度的降低与循环应变的幅值有很大关系。例如，当应变幅值的大小不超过 1.5%时，即使是中等灵敏度的软黏土，在 200 次循环荷载作用下，其强度亦几乎没有变化。

综合国内外的试验看来，对于一般的黏土，在地震或其他的动荷载作用下，动强度与静强度比较，并无太大变化。但是对于软弱的黏性土，如淤泥和淤泥质土等，则动强度会有明显降低，所以在路桥工程中当遇及此类土地基时，必须考虑其地震作用下的强度降低问题。

土的动强度亦可如静强度一样通过强度指标 c_d、φ_d 得到反映。黏性土的动强度指标是指黏性土在动荷载下发生破坏或产生足够大的应变（例如也可以用应变达到 15%时作

为破坏标准)时所具有的黏聚力和内摩擦角。它们是动力(如地震力)作用下进行地基土工设计如挡土墙土压力、地基承载力和验算边坡稳定等问题时需要用到的重要指标。

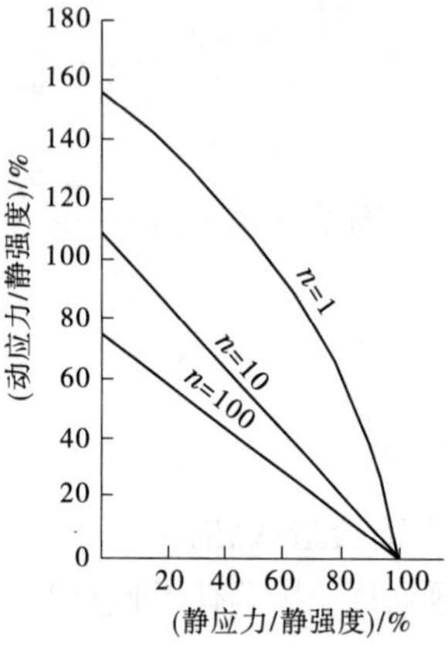

图 7-21 动应力与振次的关系

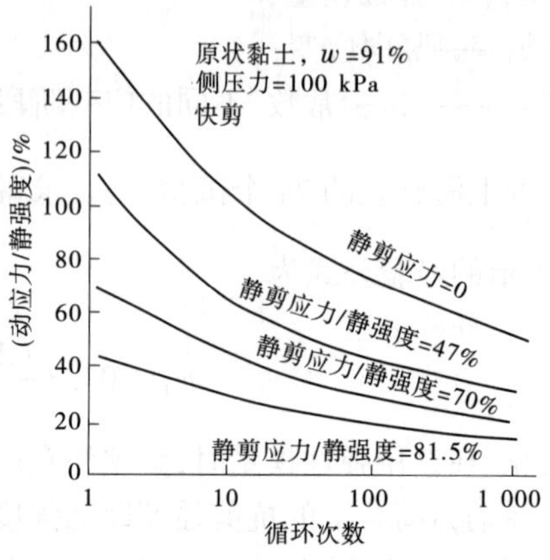

图 7-22 黏性土动强度与循环次数的关系

二、土的动力特征参数

在室内模拟地震力或其他动力荷载对土的作用而进行动力试验时(循环荷载),由于荷载变向,应力-应变曲线为一狭长的封闭回线,亦称滞回圈(见图 7-23)。每一滞回圈的特征将由两个参数(剪切模量和阻尼比)所定义,它们就是表征土动力特性的两个主要参数(或指标)。土的动剪切模量 G_d,是指产生单位动应变时所需要的动剪应力,也即动剪应力 τ_d 与动剪应变 ε_d 的比值,它可由联结滞回圈的顶峰和根部的直线斜率来定出,即可按式(7-5)求得:

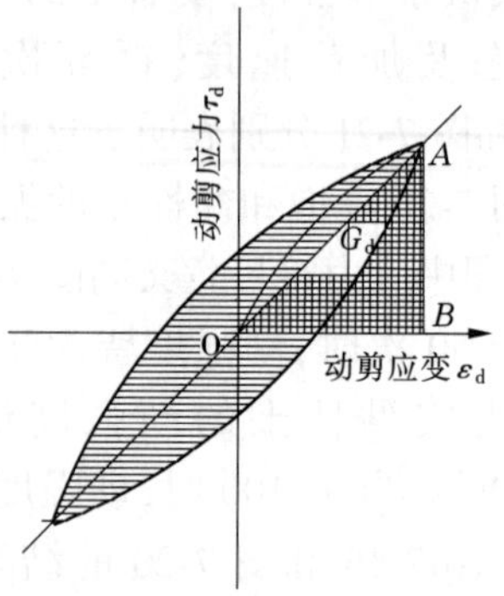

图 7-23 动剪应力、动剪应变滞回圈

$$G_d = \frac{\tau_d}{\varepsilon_d} \tag{7-5}$$

土的阻尼比 λ 是阻尼系数与临界阻尼系数的比值,它是衡量土体吸收地震能量的尺度。由物理学中知道,非弹性体对振动波的传播有阻尼作用,这种阻尼作用与振动的速度呈正比关系,比例系数称为阻尼系数;使非弹性体不产生振动时的阻尼系数称为临界阻尼系数。地基土体在地震时对地震波传播起的阻尼作用,主要是土粒间相互滑动时,由称为滞后作用的摩擦效应产生的。

土的阻尼比 λ 可由图 7-23 所示的滞回圈通过式(7-6)求得:

$$\lambda = \frac{\Delta F}{4\pi F} \tag{7-6}$$

式中 ΔF——滞回圈的面积,表示在一周期中所消耗的能量;

F——三角形 AOB 的面积,表示弹性能。

动力试验所得滞回圈表明土有强烈的非线性性质。滞回圈形状将随应变的大小而变化,当应变较小时,参数 G_d 和 λ 可视为常量,即土可假定为线性的。当应变较大时,因为应力-应变曲线的斜率变小,G_d 也变小,又因为滞回圈面积 ΔF 代表土在加荷和卸荷之间能量的吸收,应变越大,能量吸收越多,ΔF 就增大,所以阻尼比 λ 增大。因此,为动力分析选用动力参数时,要考虑土的非线性特点,根据不同周数的滞回圈确定相应于不同应变大小的动剪切模量和阻尼比。

土的动力参数可通过现场试验和室内试验测定,室内一般采用振动三轴仪试验测定,试验时是对圆柱形土样施加轴向的循环变化的压缩与拉伸荷载,直接量测土样的应力和应变值,从而绘制应力-应变曲线即滞回圈(见图 7-24),试验所得滞回圈是试样在循环荷载下压缩与拉伸的结果,所以求得的模量是动弹性模量 E_d。而动剪切模量 G_d 由式(7-7)求出:

$$G_d = \frac{E_d}{2(1+\mu)} \tag{7-7}$$

式中　μ——土的泊松比。

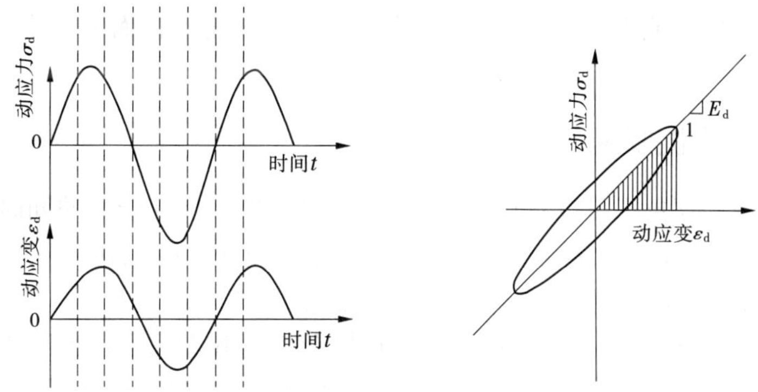

图 7-24　应力-应变曲线滞回圈的绘制

以振动三轴试验测定土的动剪切模量和阻尼比,相对比较简单,原状土或扰动土试样的制备也较为方便,而且可以精确地控制应力和应变,所以得到广泛应用。但这种方法存在着不能完全模拟地震时现场土体单元受力状态的缺点。

任务三　砂土振动液化

一、砂土液化及其工程危害

砂土液化是指砂土(特别是饱和砂土)在动力荷载(振动)作用下表现出类似液体性状而完全失去了承载能力的现象。

地震、波浪、车辆行驶、机器振动、打桩及爆破等都可能引起饱和砂土的液化,其中又以地震引起的大面积甚至深层的砂土液化的危害性最大,它具有面广、量大、危害重等特点,常能造成工程场地的整体性失稳。因此,近年来引起国内外工程界的普遍重视,成为工程抗震设计的重要内容之一。

砂土液化造成的灾害的外观表现主要有：

(1)喷砂冒水。地震时在砂土层中产生相当高的孔隙水压力，在覆盖层比较薄弱的地方或地震所形成的裂缝中喷出砂、水混合物。喷出的砂土能破坏农田，淤塞渠道。喷砂冒水的范围往往很大，持续时间可达几小时甚至十几天，有的水头可高达 2~3 m。

(2)震陷。液化时喷砂冒水带走了大量砂土，导致建筑物地基产生不均匀沉陷，使建筑物倾斜、开裂甚至倒塌，例如 1964 年日本新潟地震时，有的建筑物产生了 1 m 左右的沉陷和 2.3°以上的倾斜，机场跑道遭到严重破坏，卡车和混凝土结构物沉入土中。又如 1976 年唐山地震时，天津某农场高 10 m 左右的砖砌水塔，因其西北处地基土喷砂冒水，水塔整体向西北倾斜了 6°。

(3)滑坡。在岸坡或坝坡中的饱和砂层，由于液化而丧失抗剪强度，使土坡失去稳定沿着液化层滑动，形成大面积滑坡。1971 年美国加州 San Fernando 坝在地震中发生上游坝坡大滑动，研究证明这是因为在地震震动即将结束时，在靠近坝底和黏土心墙上游面处的广阔区域内砂土发生液化。

(4)地基失稳。建筑物地基中的砂土层因液化而失去承载能力，使地基整体失稳而破坏。例如日本新潟地震时，有一公寓因地基砂土层液化失稳而陷入土中并以 80°的倾斜度倾倒。

二、砂土液化机制及其影响因素

从宏观的震害现象中可以看出，液化的砂土层在失去承载能力的同时出现很高的孔隙水压力，这就启发我们应从砂土的抗剪强度着手研究液化的机制。在地震时，饱和松砂趋于密实(剪缩性)，而细、粉砂的透水性并不很大，孔隙水一定时间内来不及排出，从而导致孔隙水压力上升，有效应力减小。如果在周期性荷载作用下积聚起来的孔隙水压力等于总应力时，有效应力就变为零。而根据有效应力原理，饱和砂土抗剪强度可表达为

$$\tau_f = (\sigma - u)\tan\varphi' = \sigma'\tan\varphi'$$

可见，当孔隙水压力 $u=\sigma$ 及 $\sigma'=0$ 时，没有黏聚力的砂土的强度就完全丧失，而处于没有抵抗荷载能力的悬浮状态，故产生了砂土“液化”。地震时地面发生喷砂冒水现象，一般可认为这是埋在地下的砂层出现了液化，压力使水气砂粒喷出地面的结果。

在地震时，土体内单元体所受的力主要是从基岩向上传播的剪切波所引起的。水平砂层内单元体上受到有效主应力 σ'_0 和 $K_0\sigma'_0$ 的作用(K_0 为静止土压力系数)。在地震时，单元体上将受到周期性的、其大小和方向都不断变化的剪应力 τ_d 的重复剪切作用。在实验室里通过模拟上述受力情况进行试验研究则有助于揭示液化的机制。其中，动三轴试验是被广泛使用的一种方法。土样是在不排水条件下，承受着均匀的周期荷载。当然地震时实际发生的剪应力大小是不规则的，但经过分析认为可以转换为等效的、均匀的周期荷载，就比较容易在试验中重现。

通过研究与观察发现，并不是所有的饱和砂土和少黏性土颗粒的地基土在地震时都一定发生液化现象，因此必须了解影响砂土液化的主要因素，才能做出正确判断。

影响砂土液化的主要因素有：

(1)土类范围。土类是一个重要的条件,黏性土由于有黏聚力 c,即使孔隙水压力等于全部有效应力,抗剪强度也不会全部丧失,因而不具备液化的内在条件。粗粒砂土由于透水性好,孔隙水压力易于消散,在周期荷载作用下,孔隙水压力亦不易积累增长,因而一般也不会产生液化。只有没有黏聚力或黏聚力相当小的处于地下水位以下的粉细砂或轻亚黏土,渗透系数较小,不足以在第二次荷载施加之前把孔隙压力全部消散掉,才具有积累孔隙水压力并使强度完全丧失的内部条件。因此,土的粒径大小是一个重要因素。试验及实测资料都表明,粉细砂土、轻亚黏土比中、粗砂土容易液化;级配均匀的砂土比级配良好的砂土易发生液化。有文献提出平均粒径 $d_{50}=0.05\sim0.09$ mm 的粉细砂最易液化。而根据多处震害调查实例却发现,实际发生液化的土类范围更广一些。可以认为,在地震作用下发生液化的饱和土的平均粒径 d_{50} 一般小于 2 mm,黏粒含量一般低于 10%~15%,塑性指数 I_p 常在 7 左右。

(2)土的密度。松砂在振动中体积易于缩小,孔隙水压力上升快,故松砂较密砂容易液化。1964 年日本新潟地震表明,相对密度为 0.5 的地方普遍液化,而相对密度大于 0.7 的地方就没有液化。我国科学院的《海城地震砂土液化考察报告》中亦提到,Ⅶ度的地震,对于相对密度大于 0.5 的砂土不会液化;砂土相对密度大于 0.7 时,即使Ⅷ度地震也不易发生液化。根据砂土液化机制的论述可知,剪切时孔隙水压力增长的原因在于松砂的剪缩性,但在砂土密度增大之后剪缩性会减弱,一旦砂土开始具有剪胀性的时候,剪切时内部产生负的孔隙水压力,土的阻抗能力增大了,因此土不会发生液化。

(3)土的初始应力状态。在地震力作用下,土中孔隙水压力等于固结压力是产生液化的必要条件。如果固结压力越大,则在其他条件相同时越不易发生液化。试验亦表明,对于同样条件的土样,发生液化所需的动应力将随着固结压力的增加而增大。地震前地基土的固结压力,可以用有效覆盖压力和侧压力系数来表示,所以地震时砂土的埋藏深度,即覆盖压力的大小就成了直接影响砂土液化的因素。《海城地震砂土液化考察报告》指出:有效覆盖压力小于 50 kPa 的地区,液化普遍且严重;有效覆盖压力介于 50~100 kPa 的地区,液化现象较轻;而未发生液化地段,有效覆盖压力大多大于 100 kPa。调查资料还表明,埋藏深度大于 20 m 时,甚至松砂也很少发生液化。

除上述因素外,还有地震强度和地震持续时间这两个动应力的因素。室内试验表明,对于同一土类和一定密度的土,在一定固结压力时,动应力较高则振动次数不多就会发生液化;而动应力较低时,需要较多振次才发生液化。宏观震害调查亦证明了这一点。日本新潟地区在过去三百多年中虽遭受过 25 次地震,但记录了新潟及其附近地区发生了液化的只有 3 次,而这 3 次估计的地面加速度都在 0.13×10^{-2} m/s^2 以上。1964 年地震时,记录到地面最大加速度为 0.16×10^{-2} m/s^2。其余 22 次地震的地面加速度变化范围合计为 $0.005\times10^{-2}\sim0.12\times10^{-2}$ m/s^2,但都没有发生液化。1964 年阿拉斯加地震时,安克雷奇滑坡是在地震开始以后 90 s 才发生的,这表明要持续足够的应力周数后才发生液化和土体失去稳定。

三、砂土液化可能性的判别

关于砂土液化可能性评价的方法很多,大致归纳起来是现场试验、室内试验及经验对比法三大类,本书仅简要介绍现场试验判别方法。由于地震时影响砂土液化的因素较复杂,因此在现场做试验判别砂土液化是比较能够全面综合反映影响液化各因素的。根据国外资料及国内调查实测资料,我国《工业与民用建筑抗震设计规范》规定以临界标准贯入击数 N' 来作为判别标准。根据砂层的埋藏深度 h_s 和地下水埋深 h_w,按式(7-8)计算临界标贯击数 N':

$$N' = \overline{N'}[1 + 0.125(h_s - 3) - 0.05(h_w - 2)] \quad (7\text{-}8)$$

式中 $\overline{N'}$——基本临界标贯击数,即在 $h_s = 3$ m、$h_w = 2$ m 条件下的临界标贯击数,当设计烈度为Ⅶ度时,$\overline{N'}$ 取 6,Ⅷ度时取 10,Ⅸ度时取 16;

h_s——饱和砂层埋藏深度,m;

h_w——地下水埋深,m。

当某一深度处的标贯击数 N 小于 N' 时,则认为该处的饱和砂土有可能发生振动液化。

这个公式是根据我国 8 次大地震的震害调查资料确定的,又经实践检验证明基本上是可行的。根据多次地震调查结果,用式(7-8)进行了计算判别,并与宏观现象进行对照,基本上是一致的,这证明式(7-8)是比较可靠的。砂土液化临界标准贯入击数判别结果与实际调查结果比较见表 7-3。

式(7-8)用于轻亚黏土时,$\overline{N'}$ 值应比砂土降低Ⅰ度使用。

表 7-3 砂土液化临界标准贯入击数判别结果与实际调查结果比较

地点	地震烈度	调查结果	判别结果	符合比较
盘锦辽河化肥厂主厂区	Ⅶ	液化	液化深度 6.4 m	符合
盘锦辽河化肥厂触煤区	Ⅶ	液化	液化深度 11.6 m	符合
盘锦辽河化肥厂机修区	Ⅶ	液化	液化深度 12~14 m	符合
盘锦辽滨冷库	Ⅶ	液化	液化深度 10~12 m	符合
盘锦双台子河二道桥闸	Ⅶ	未液化	不液化	符合
盘锦双台子河拦河闸	Ⅶ	未液化	不液化	符合
盘锦	Ⅶ	未液化	6 m 深度附近液化	不符合
营口大闸	Ⅷ	液化	液化	符合
水源公社田庄台附近	Ⅷ	液化	液化	符合
营口造纸厂、造船厂	Ⅷ	液化	液化深度至少 16 m	符合
营口市体育馆、市委宿舍楼	Ⅷ	未液化	液化	不符合

由于标准贯入试验技术和设备方面的问题,贯入击数一般比较离散,为消除偶然误差,每个场地钻孔应不少于 5 个,每层土应取 15 个以上的贯入击数,并根据统计方法进行

数据处理以取得代表性的数值。

四、防止砂土液化的工程措施简介

地震时因砂土地基液化而造成建筑物毁坏的情况是十分普遍的,所以当判明建筑物地基中有可液化的砂土层时,必须采取相应的工程措施,以防止震害。对付砂土液化的处理原则是避开、挖除或加固。如果可能液化的范围不大,可以根据具体情况避开或挖除。但如果范围较广较深时,一般只能采取加固的措施。我国目前常用的加固方法有人工加密、围封、桩基及盖重等。

(1)加密。是增加砂土层密度,如用振冲法、砂桩挤密法,以及国内外近年推行的强夯法等。前二者经实践证明可有效地提高地基抗液化能力。后者经近年实践证明亦是可行的。

(2)围封。是用板桩把有可能液化的范围包围起来。

(3)桩基。是将建筑物支承在桩基础上,而桩必须穿过可能液化的砂层,支承在下部不液化的密实层上。

(4)盖重。是加大可液化砂层的上覆压力。如在可能液化范围的地面上加载(如堆土)等,这对防止液化也有一定的效果。如果在增加上覆压力过程中同时采取排水措施,还可使砂土进一步加密,抗液化效果更好。

思考题

1. 什么是最佳含水率和最大干密度?
2. 击实功大小和土的类别对击实曲线有何影响?
3. 影响砂土液化的因素有哪些?一般的防治措施有哪些?
4. 简述含水率、干重度与土的强度的关系。

项目八 地基处理概论

知识目标

1. 掌握地基处理的基本概念;
2. 了解地基处理的分类和方法;
3. 了解地基处理的方案选择;
4. 了解地基处理发展概况。

能力目标

会解释地基处理相关概念。

思政目标

了解我国地基处理概况和相关规范、标准。

任务一 地基处理概念

一、地基处理的含义

地基是指直接承受建筑物荷载的那一部分地层。对地质条件良好的地基,可直接在其上修筑建筑物而无须事先对其进行加固处理,此种地基称为天然地基。

在工程建设中,有时会不可避免地遇到地质条件不良或软弱地基,在这样的地基上修筑建筑物,则不能满足其设计和正常使用的要求。同时随着建筑物高度的不断增高,建筑物的荷载日益增大,对地基变形的要求也越来越严格,因而,即使原可被评价为良好的地基,也可能在特定的条件下必须进行地基加固。这些需经人工加固后才可在其上修筑建筑物的地基称为人工地基。

地基处理就是指对不能满足承载力和变形要求的软弱地基进行人工处理,亦称为地基加固。软弱地基和特殊土是地基处理的对象。

对地基进行加固(或改良)称为地基处理(ground treatment or ground improvement)。

当地基中设置了散体材料(如碎石、砂等)桩或柔性材料(如水泥土、石灰等)桩后,这些桩体将与天然地基一起共同承受上部荷载，抵抗变形，形成复合地基。

二、建筑物地基可能面临的问题

(1)地基承载力及稳定性问题。地基承载力较低，将不能承担上部结构的自重及外荷载，导致地基失稳，出现局部或整体剪切破坏，或冲剪破坏。

(2)沉降变形问题。高压缩性地基可能导致建筑物发生过大的沉降量，使其失去使用效能；地基不均匀或荷载不均匀将导致地基沉降不均匀，使建筑物倾斜、开裂、局部破坏，失去使用效能甚至发生整体破坏。

(3)地基渗透破坏问题。土具有渗透性，当地基中出现渗流时，可能导致流土(流砂)和管涌(潜蚀)现象，严重时能使地基失稳、崩溃。

(4)动荷载下的地基液化、失稳和震陷问题。饱和无黏性土地基具有振动液化的特性。在地震、机器振动、爆炸冲击、波浪等动荷载作用下，地基可能因液化、震陷导致失稳破坏；软黏土在振动作用下，亦会产生震陷。

针对上述所遇到的地基问题，必须采取一定的措施使地基满足设计要求和使用要求，如调整基础设计方案；调整上部结构设计方案；对地基进行加固处理，形成人工地基。

三、地基处理的目的和意义

地基处理的目的就是通过采用各种地基处理方法，改善地基土的下述工程性质，以期满足工程设计的要求。

(1)提高地基土的抗剪强度。地基承载力、土压力及人工和自然边坡的稳定性，主要取决于土的抗剪强度。因此，为了防止土体剪切破坏，需要采取一定的措施，提高和增加地基土的抗剪强度。

(2)改善地基土的压缩性。建筑物超过允许值的倾斜、差异沉降将影响建筑物的正常使用，甚至危及建筑物的安全性。地基土的压缩模量等指标是反映其压缩性的重要指标，通过地基处理，可改善地基土的压缩模量等压缩性指标，减少建筑物沉降和不均匀沉降，同时也可防止土体侧向流动(塑性流动)产生的剪切变形。

(3)改善地基土的渗透特性。地下水在地基土中运动时，将引起堤坝等地基的渗漏现象；基坑开挖过程中，也会因土层夹有薄层粉砂或粉土而产生流砂和管涌。这些都会造成地基承载力下降、沉降加大和边坡失稳，而渗漏、流砂和管涌等现象均与土的渗透特性密切相关。为此，必须采取一些地基处理措施，一是增加地基土的透水性，加快固结；二是降低透水性或减少其水压力(基坑抗渗透)。

(4)改善地基土的动力特性。在地震运动、交通荷载及打桩和机器振动等动力荷载作用下，饱和松散的砂土和粉土将会产生液化，或邻近地基产生振动下沉，造成地基土承载力丧失，或影响邻近建筑物的正常使用甚至破坏。因此，工程中有时需采取一定的措施，防止地基土液化，并改善其动力特性，提高地基的抗震(振)性能。

(5)改善特殊土地基的不良特性。特殊土地基有其不良特性，如黄土的湿陷性、膨胀土的胀缩性和冻土的冻胀性等。因此,在特殊土地基上修筑建筑物时,需要采取一定的措施,以减小不良特性对工程的影响。

在工程施工中,地基问题处理得是否恰当,直接关系到工程质量,因此当遇到上述问题时,必须进行地基处理,以保证工程的质量和工期。地基处理的意义已被越来越多的人所认识。

任务二　地基处理的对象及特征

上部结构引起的附加应力随着深度的增加而减小,所以一定深度范围内的土层即为上部构筑物的主要受力层,地基的变形与稳定性主要受该深度内土层的影响。地基处理的主要对象包括软弱地基和不良地基两类。

一、软弱地基

我国地域广阔,地基土的类型多种多样,存在许多软弱地基和特殊土地基。《建筑地基基础设计规范》(GB 50007—2011)规定:软弱地基是指主要由淤泥、淤泥质土、冲填土、杂填土和其他高压缩性土所构成的地基。

(一)软黏土

软黏土也称软土,是软弱黏性土的简称。它形成于第四纪晚期,属于海相、潟湖相、河谷相、湖沼相、三角洲相等的黏性土沉积物或河流冲积物。软黏土多分布于沿海、河流中下游或湖泊附近地区。如上海、苏州等地为三角洲相沉积,温州、宁波地区为滨海相沉积,闽江口平原为溺谷相沉积等,也有的软黏土属新近沉积物。常见的软弱黏土是淤泥质土。软土的物理力学性质如下。

1. 物理性质

黏粒含量较多,塑性指数 I_P 一般大于 17,属黏性土。软黏土多呈深灰色、暗绿色,有臭味,含有机质,含水率较高,一般大于 40%,孔隙比一般为 1.0 ~2.0,其中孔隙比为 1.0~1.5 称为淤泥质黏土,孔隙比大于 1.5 时称为淤泥。由于其高黏粒含量、高含水率、大孔隙比,因而其力学性质也就呈现出与之对应的特点:低强度、高压缩性、高灵敏度。

2. 力学性质

软黏土的强度极低,不排水强度通常仅为 5~30 kPa,表现为地基承载力特征值很低,一般不超过 70 kPa。软黏土尤其是淤泥灵敏度较高,是区别于一般黏土的重要指标。软黏土的压缩性很大,压缩系数大于 0.5 MPa^{-1},最大可达 4.5 MPa^{-1},压缩指数为 0.35~0.75。通常情况下,软黏土层属于正常固结土或微超固结土,但有些土层特别是新近沉积的土层有可能属于欠固结土。

渗透系数很小是软黏土的又一重要特点,一般在 10^{-5} ~ 10^{-8} cm/s,渗透系数小则固结速率很慢,有效应力增长缓慢,从而沉降稳定慢,地基强度增长也十分缓慢。这一特点是严重制约地基处理方法和处理效果的重要方面。

3. 工程特性

软黏土地基承载力低,强度增长缓慢,加荷后易变形且不均匀,变形速率大且变形时间长，具有渗透性小、触变性及流变性大的特点。

对于软黏土，常用的地基处理方法有预压法、置换法、搅拌法等。

（二）杂填土

杂填土主要出现在一些老的居民区和工矿区内，是人们生活和生产活动所遗留或堆放的垃圾土。这些垃圾土一般分为三类，即建筑垃圾土、生活垃圾土和工业生产垃圾土。垃圾土很难用统一的强度指标、压缩指标、渗透性指标加以描述。杂填土主要特点是无规划堆积、成分复杂、性质各异、厚薄不均、规律性差。因而，同一场地可能会表现出压缩性和强度的明显差异，极易造成不均匀沉降，通常都需要进行地基处理。

（三）冲填土

冲填土是人为地用水力充填方式而沉积的土，近年来多用于沿海滩涂开发及河漫滩造地。西北地区常见的水坠坝（也称冲填坝）即是冲填土堆筑的坝。冲填土形成的地基可视为天然地基的一种。冲填土地基一般具有如下特点：

（1）颗粒沉积分选性明显，在入泥口附近，粗颗粒较先沉积，远离入泥口处，所沉积的颗粒变细，同时在深度方向上存在明显的层理。

（2）冲填土的含水率较高，一般大于液限，呈流动状态。停止冲填后，表面自然蒸发后常呈龟裂状，含水率明显降低，但当排水条件较差时下部冲填土仍呈流动状态，冲填土颗粒愈细，这种现象愈明显。

（3）冲填土地基早期强度很低，压缩性较大，这是因为冲填土处于欠固结状态。冲填土地基随静置时间的增长逐渐达到正常固结状态。其工程性质取决于颗粒组成、均匀性、排水固结条件及冲填后静置时间。

（四）饱和、松散砂土、粉砂或细砂

地基在静荷载作用下具有较高的强度，但当振动荷载（地震、机械振动等）作用时，饱和松散砂土地基则有可能产生液化或大量震陷变形，甚至丧失承载力。这是因为土颗粒松散排列并在外部动力作用下颗粒的位置产生错位，瞬间产生较高的超静孔隙水压力，有效应力迅速降低。对该类地基处理的目的就是使它变得较为密实，消除在动荷载作用下产生液化的可能性。常用处理方法有挤密法、振冲法等。

（五）有机质土和泥炭土

当土中含有不同的有机质时，将形成不同的有机质土，在有机质超过一定含量时就形成泥炭土。有机质的含量越高，对土质的影响也会越大，主要表现为强度低、压缩性大，并且对不同工程材料的掺入有不同影响等，从而对工程建设和地基处理构成不利的影响。

（六）山区地基土

山区地基土的地质条件较为复杂，主要表现在地基的不均匀性和场地不稳定性两个方面。由于自然环境和地基土的生成条件影响，场地中有可能存在大孤石，场地环境也可能存在滑坡、泥石流、边坡崩塌等不良地质现象。它们会给建筑物造成直接或潜在的威胁，对这种地基需进行处理。

二、特殊土地基

特殊土地基有地区性特点，包括湿陷性黄土、膨胀土、红黏土、盐渍土和冻土等构成的地基。

(1)湿陷性黄土。在上覆土层自重应力作用下,或者在自重应力和附加应力共同作用下,因浸水后土的结构破坏而发生显著附加变形的土称为湿陷性黄土,属于特殊土。有些杂填土也具有湿陷性。广泛分布于我国东北、西北、华中和华东部分地区的黄土多具湿陷性。湿陷性黄土又分为自重湿陷性黄土和非自重湿陷性黄土。在湿陷性黄土地基上进行工程建设时,必须考量因地基湿陷引起附加沉降对工程可能造成的危害,应选择适宜的地基处理方法。

(2)膨胀土。其矿物成分主要是蒙脱石,它具有很强的亲水性,吸水时体积膨胀,失水时体积收缩。这种胀缩变形往往很大,极易对建筑物造成损坏。膨胀土在我国的分布范围很广,如广西、云南、河南、湖北、四川、陕西、河北、安徽、江苏等地均有膨胀土存在。膨胀土常用的地基处理方法有换土、土性改良、预浸水及防止地基土含水率变化等。

(3)多年冻土。是指温度连续3年或3年以上保持在0 ℃或0 ℃以下,并含有冰的土层。多年冻土的强度和变形有其特殊性。例如,冻土中因有冰和冰水存在,在长期荷载作用下将发生强烈的流变性。在人类活动影响下,多年冻土可能产生融化。因此,多年冻土作为建筑物地基时需慎重考虑,需要采取一些处理措施方可使用。

(4)盐渍土。通常将易溶盐含量(按质量分数计)超过0.3%的土称为盐渍土。盐渍土中的盐遇水溶解后可能会发生地基溶陷,使地基强度降低。某些盐渍土(如含Na_2SO_4的土)在环境温度和湿度变化时,可能产生体积膨胀。此外,盐渍土中的盐溶液还会导致地下设施的建筑材料腐蚀,造成建筑物的破坏。我国盐渍土主要分布在新疆、青海、甘肃、宁夏和内蒙古。

(5)垃圾填埋土。垃圾填埋土地基的性质取决于填埋的垃圾类别和性质。垃圾填埋土地基处理的目的之一是防止其对周围环境的影响,特别是对地下水的污染;目的之二是垃圾填埋土地基自身的利用。

(6)岩溶、土洞

岩溶,又称喀斯特,它是石灰岩、白云岩、泥灰岩、大理石、岩盐、石膏等可溶性岩层受水的化学作用和机械作用而形成的溶洞、溶沟裂隙,以及因溶洞的顶板塌落使地表产生陷穴、洼地等现象的总称。

土洞是岩溶地区上覆土层被地下水冲蚀或被地下水潜蚀所形成的洞穴。岩溶和土洞是不稳定性的两个方面。由于自然环境和地基土的生成条件影响,场地中有可能存在大孤石,场地环境也可能存在滑坡、泥石流、边坡崩塌等不良地质现象。它们会给建筑物造成直接或潜在的威胁,对这种地基需进行处理。

任务三　地基处理方法的分类及适用范围

地基处理方法通常有以下几种不同分类:根据处理时间,可分为临时处理和永久处理;根据处理深度,可分为浅层处理和深层处理;根据被处理土的特性,可分为砂性土处理和黏性土处理、饱和土处理和非饱和土处理;根据地基处理的作用机制,可分为置换处理、排水固结处理、压实和夯实处理等。

按地基处理的作用机制对地基处理方法进行分类，能充分体现各种处理方法自身的特点，较为妥当和合理。但是严格分类是困难的，同一种处理方法可能同时起到不止一种的作用效果，很难说该处理方法属于哪一类。例如，土桩和灰土桩既有挤密作用又有置换作用。另外，有些地基处理方法的加固机制及计算方法还不是很明确，处于研究探讨阶段，加之地基处理方法在应用中不断发展与完善，其功能不断扩大，很难做到精确的分类。

根据地基处理的作用机制进行的基本分类如下。

一、置换法

置换法是指利用物理力学性质较好的岩土材料置换天然地基中部分或全部软弱土体，以形成双层地基或复合地基，实现提高地基承载力、减少沉降的目的。

属于置换的地基处理方法具体有：换土垫层法、挤淤置换法、褥垫法、砂石桩置换法、强夯置换法、石灰桩法等。也可将气泡混合轻质料填土法和 EPS 超质料填土法归为置换法。

二、排水固结法

排水固结法的基本原理是软土地基在附加荷载的作用下完成排水固结，使孔隙比减小，抗剪强度提高，以实现提高地基承载力、减少工后沉降的目的。

按预压加载方法，排水固结法又可分为堆载预压法、超载预压法、真空预压法、真空预压与堆载预压联合作用法、电渗法及降低地下水位法等。

按设在地基中的竖向排水系统还可分为普通砂井法、袋装砂井法和塑料排水带法等。

三、压实和夯实法

压实法是利用机械自重或辅以振动产生的能量对地基土进行压实。夯实法是利用机械落锤产生的能量对地基进行夯击使其密实，提高土的强度和减小压缩量。压实法包括碾压和振动碾压，夯实法包括重锤夯实和强夯。

四、振密、挤密法

振密、挤密法是指采用振动或挤密的方法使地基土体孔隙比减小，土体密实，以实现提高环境温度和湿度变化时，可能产生的体积膨胀。

任务四 地基处理方案的选择和确定

地基处理方法众多，每种处理方法都有其各自的适用条件、局限性和优缺点；每种处理方法的作用通常又具有多重性，加之地基土成因复杂，性质多变，具体工程对地基的要求又不尽相同，施工机械、技术力量、施工条件和环境等千差万别，因此在选择地基处理方案时，应从实际出发，对具体的地基条件、处理要求（包括处理前后地基应达到的各项指标、处理范围、工程进度等）、工程费用及施工机械、技术力量和材料等因素进行综合分析比较，优化、比选处理方案。在选择处理方案时还应提高环保意识，注意节约能源和保护环境，尽量避免地基处理时对地面和地下水产生污染，以及振动和噪声对周围环境的不良影响等。

一、准备工作

选择地基处理方案前,应进行深入调查,充分收集资料。在调查、收集资料时,应考虑以下5个方面的内容:

(1)上部结构和基础设计情况。

(2)建筑场地的工程地质条件。

(3)施工用地、施工工期、工程用料来源等。

(4)施工时对周围环境的影响。

(5)施工单位技术力量、机具设备、施工管理水平及施工经验等。

二、选择地基处理方案

在充分调查研究、收集资料的基础上,确定地基处理方案。方案确定的步骤如下:

(1)根据结构类型、荷载大小及使用要求,结合地形地貌、地层结构、工程地质及水文地质条件、环境情况和对相邻建筑的影响等因素,初步选定几种处理方案。

(2)对初步选定的各种地基处理方案,分别从加固机制、适用范围、预期效果、材料来源及消耗机具条件、工期要求、施工队伍素质和对环境的影响等方面进行技术经济分析和对比,确定最优处理方案。

(3)对已选定的地基处理方案,根据建筑物的安全等级、施工场地的复杂程度,可在有代表性的场地上进行相应的现场试验,以验证各项设计参数,选择合理的施工方法(其目的是调试机具设备,确定施工工艺、用料及配比等各项施工参数)和确定处理效果。

(4)进行地基处理方案设计时,还应充分考虑环保问题,减小或避免对周围空气、地面和地下水的污染及对场地周围的振动、噪声等影响。

任务五　地基处理监测与质量检验方法

一、监测与质量检验的目的

(1)为工程设计提供依据。

(2)作为大面积施工的指导和控制标准。

(3)检验设计参数和处理效果,为地基处理工程验收提供依据。

(4)为采取补救措施或修改地基加固设计方案提供依据。

(5)为理论研究提供试验数据。

二、监测内容与质量检验方法

(1)地基与桩体强度:包括单桩和复合地基静载荷试验、标准贯入试验、静力触探试验、动力触探试验、桩身高应变检测法和钻芯法等。

(2)地基变形:包括地基沉降与水平位移测试。

(3)应力监测:包括土压力和孔隙水压力测试。

(4)桩身完整性:采用桩身低应变检测和声波透视法测试。

(5)动力特性:采用波速测试、地基刚度测试等。

对地基处理的效果检验,应在地基处理施工结束后,经过一定时间休止恢复方可进行。这是由于地基加固有时效性,复合地基的强度和模量的提高需要一定的时间。同一地基处理往往需要采用多种测试手段加以检验,以综合评价其地基处理效果。常用的现场测试方法的适用范围见表 8-1。

表 8-1　常用的现场测试方法的适用范围

地基处理方法	现场测试方法												
	平板载荷试验	沉降观测	水平位移观测	十字板剪切试验	静力触探	动力触探	标准贯入试验	孔隙水压力测试	桩载荷试验	旁压试验	桩基动力测试	波速法	螺旋压板试验
换填	○	○	×	×	○	○	○	×	×	△	×	○	△
振冲碎石桩	○	○	×	×	○	△	○	○	△	△	×	○	×
强夯置换	○	○	△	×	×	○	○	△	×	×	×	×	×
砂石桩(置换)	○	○	×	△	○	△	△	○	×	×	△	○	×
石灰桩	○	○	△	△	○	△	△	×	△	△	×	○	△
加载预压	○	○	△	△	○	△	○	△	×	△	×	○	○
超载预压	○	○	△	△	○	△	○	△	×	△	×	○	○
真空预压	○	○	△	○	○	△	○	○	×	○	×	○	○
水泥土搅拌桩	○	○	×	○	×	×	×	×	△	△	△	○	△
高压喷射注浆	○	○	×	×	×	×	×	×	×	△	△	△	×
灌浆	○	○	×	×	×	×	×	×	×	△	×	△	×
强夯	○	○	○	×	○	△	○	×	×	×	×	○	△
表面夯实	○	○	△	×	○	△	○	×	×	×	×	○	○
振冲密实	○	○	△	×	○	△	○	○	△	△	×	○	×
挤密砂石桩	○	○	△	△	○	△	○	○	△	△	×	○	×
土桩、灰土桩	○	○	△	×	△	△	△	×	×	△	×	×	×
加筋土	○	○	○	△	△	×	△	×	×	△	×	△	△

注:“○”为一般适用,“△”为有时适用,“×”为不适用。

三、地基处理现场监测与质量检验应注意的问题

(1)前后两次测试应尽可能使用同一仪器,且操作规程及标准相同。

(2)注意各种仪器及测试方法适用范围,并应结合现场条件及测试项目选择测试方法。

(3)一般采用两种以上测试方法,对地基处理效果进行综合评价。

(4)测点位置应选择有代表性部位,并按有关规范规程标准进行测试操作。

(5)现场测试应与室内试验相结合,以增强测试结果的互补性。

任务六 地基处理技术发展概况

地基处理技术在我国的应用可以追溯到古代,我国劳动人民在处理地基方面有着丰富的经验,根据历史记载,2 000 多年以前就已采用软土中夯入碎石等压密土层的夯实法,以及采用灰土和三合土的换土垫层法。

近三十年以来,我国土木工程建设迎来了飞快发展时期,地基处理技术也相应快速发展,一些传统的地基处理方法得到改进,新的地基处理方法不断涌现。我国目前应用的大部分地基处理技术是改革开放以后发展或引进的,先后从国外引进了高压喷射注浆法、振冲法、强夯法、深层搅拌法、土工合成材料法等许多地基处理方法,并在实践中得到了改进和发展。许多已经在我国得到应用的地基处理技术,如排水固结法、土桩和灰土桩法、砂桩法、换填法等也得到很大发展与改进。近些年来,我国在工程实践中发展了许多新的地基处理技术,如真空-堆载预压法、水泥粉煤灰碎石桩(cement flyash-gravel pile, 简称 CFG 桩)、复合地基法、夯实水泥土桩法、EPS 超轻质填料法、强夯置换法、锚杆静压桩法、孔内夯扩碎石桩法等。我国一些地基处理方法开始应用的最早时间统计见表 8-2。

表 8-2 我国一些地基处理方法开始应用的最早时间统计

地基处理方法	最早使用年份	地基处理方法	最早使用年份
EPS 超轻质填料法	1995 年	强夯法	1978 年
CFG 桩法	1991 年	浆液深层搅拌法	1977 年
低强度桩复合地基法	1990 年	振冲法	1977 年
强夯置换法	1988 年	高压喷射注浆法	1972 年
沉管碎石桩法	1987 年	土工合成材料法	20 世纪 70 年代末
顶升纠偏法	1986 年	袋装砂井法	20 世纪 70 年代
粉体喷射搅拌法	1983 年	灰土桩法	20 世纪 60 年代中期
锚杆静压桩法	1982 年	掏土纠偏法	20 世纪 60 年代初
树根桩法	1981 年	土桩法	20 世纪 50 年代中期
刚性桩复合地基法	1981 年	砂桩法	20 世纪 50 年代
塑料排水带法	1981 年	普通砂井法	20 世纪 50 年代
真空预压法	1980 年	石灰桩法	1953 年

地基处理技术的发展推动了施工机械、工程材料、设计计算理论、施工工艺、监测技术等方面的不断发展与提高；反之，施工机械等方面的发展又促进了地基处理技术的发展。

近些年来，地基处理的施工机械发展很快。如强夯机械向系列化和标准化方向发展；深层搅拌机产品型号不断更新，从单轴搅拌机、固定双轴搅拌机发展到可变距双轴深层搅拌机、三轴深层搅拌机、四轴深层搅拌机，以及浆液和粉体同时喷射深层搅拌机，搅拌深度已从 14 m 提高到 30 m，成桩直径（或单次成墙宽度）不断扩大；高压喷射注浆机械发展也很快，研制成功了许多新型高压喷射注浆设备，继单管法、双管法、三管法及多管法之后，又研制出了新型双管法，并由液压传动代替机械传动，改进了气、水、浆液的输送装置，提高了喷射压力和冲切搅拌能力；应用于排水固结法的塑料排水带插带机的出现使工作效率大幅提高，使插带深度超过了 30 m；振冲法施工机械发展也很快，振冲器最大功率已达 135 kW，振密砂层达 26 m 深；干法振动成孔器的研制成功，使干法振动碎石技术得以应用，解决了振动水冲法施工中排放泥浆污染现场的问题，扩大了振冲法的应用范围。

地基处理新材料的应用与发展，提高了地基处理效能，并产生了许多新的地基处理方法。如土工合成材料的应用促进了加筋土法的发展；轻质土工合成材料 EPS 作为填土材料，使 EPS 超轻质填土法在高速公路路堤中得到应用；超细水泥、粉煤灰水泥浆材、硅粉水泥浆材及化学浆材的发展，扩大了灌浆法的应用范围。地基处理技术与工业废料的利用相结合也是一种发展趋势，如粉煤灰垫层、石灰粉煤灰桩复合地基、钢渣桩复合地基、渣土桩复合地基等的应用，保护了环境，取得了较好的社会效益和经济效益。

复合地基理论随着地基处理技术的发展而发展，复合地基承载力和沉降计算理论日趋成熟，按复合地基理论进行地基加固设计可大幅度降低经济成本。此外，在强夯法加固地基处理与加固深度计算、砂井法非理想井计算理论、真空预压法计算理论等方面都取得了很多研究成果。

各类地基处理方法所采用的施工工艺近年来也得到了较大发展，如真空预压法施工工艺的改进使该项技术得以推广应用，石灰桩施工工艺的改进使石灰桩法应用范围扩大，长螺旋钻孔工艺的发展使 CFG 桩法更加成熟，高压喷射注浆法施工工艺的完善使之用于第四纪覆盖层的防渗工程成为可能，边填碎石（块石或其他材料）边强夯工艺的发展扩大了强夯法的应用范围。目前，每项地基处理方法的施工工艺都在不断改进与完善。

地基处理的监测日益得到重视，一般在地基处理施工过程中和施工之后应分别进行监测，以指导工程施工，检验处理效果，校验设计参数。监测手段愈来愈多，监测精度不断提高。地基处理信息化施工和管理水平不断提高，有效地确保了施工质量，取得了最佳效益。

地基处理技术的发展还表现在多种地基处理方法综合应用水平的提高方面。例如，将真空预压法和加载预压法结合在一起使用，可克服真空预压法预压荷载小于 80 kPa 的缺点，扩大了该方法的应用范围。长短桩非线性组合多元复合地基的应用也取得了较快发展，如石灰桩与深层搅拌水泥土桩多元复合地基、CFG 桩与深层搅拌水泥土桩多元复合地基等都已得到推广应用。在澳门机场人工岛建设中，综合应用了挖淤置换、冲填塑料排水带、加载预压、振冲密实、振动碾压等方法，取得了很好的技术效果与经济效果。因此，重视多种地基处理方法的综合应用，可获得更好的经济效益。

目前,地基处理已成为土力学与岩土工程的主要分支学科,国际土力学与岩土工程协会下设了专门的地基处理学术委员会。中国土木工程学会土力学与岩土工程分会1984年成立了地基处理学术委员会,并已召开了17届全国地基处理学术讨论会(平均每3年召开一次)。1988年编著出版了《地基处理手册》,2008年再版(第三版)修订了该手册。1990年,《地基处理》杂志创刊,为从事岩土工程的技术人员提供了地基处理学术研讨与交流的平台。

有关地基处理设计与施工的规范及规程制定工作也得到了较快发展。现行国家规范有:《建筑地基基础设计规范》(GB 50007—2011)、《湿陷性黄土地区建筑标准》(GB 50025—2018)、《膨胀土地区建筑技术规范》(GB 50112—2013)。现行行业标准有:《建筑地基处理技术规范》(JGJ 79—2012)、《公路桥涵地基与基础设计规范》(JTG 3363—2019)、《公路软土地基路堤设计与施工技术细则》(JTG/T D31-02—2013)等。此外,天津、上海、河北、北京等地制定了地区性地基处理技术规程。这些规范规程的制定和有效实施,促进了地基处理技术不断地向前发展。

思考题

1. 地基处理定义。
2. 解释软弱地基和不良地基。
3. 根据地基处理的作用机制怎样分类?
4. 地基处理的目的和意义。

项目九 地基处理方法

知识目标

1. 掌握各种地基处理方法原理、使用范围；
2. 掌握各种地基处理方法。

能力目标

会设计各种地基处理施工方案和质量控制标准。

思政目标

通过地基处理的实际案例，学会辩证统一地看待地基处理方法。

任务一　机械压实法

当软弱土层位于地基表层，厚度不大或上部结构荷载较小时，采用机械压实法可得到较好的处理效果。机械压实法可使疏松的土层的孔隙比减小、密实程度提高、抗剪强度增强，减少了土的透水性和压缩性，减弱了液化效应，增加地基的承载能力。

一、压实原理

试验表明，对黏性土进行压实时，含水率太大或太小都不能把土压到最密实，只有把土的含水率控制在适当范围内，才能得到最好的压实效果。在一定击实功能作用下，黏性土达到最密实状态时的含水率称为最优含水率 w_{op}，与最优含水率相对应的干密度称为最大干密度 ρ_{dmax}。由于各种土的粒径级配和矿物成分不相同，其最优含水率 w_{op} 与最大干密度 ρ_{dmax} 也不相同，其数值可以通过室内击实试验测定。试验时，取具有代表性土样15~20 kg 备用，风干碾压后，用5 mm 筛进行筛分，将筛选后的土均匀分成5份，制成不同含水率的土样，进行击实试验。根据5组试验结果，可绘制试样干密度与含水率关系曲线，如图9-1所示。

由图9-1可知，当 $w < w_{op}$ 时，土的干密度随着含水率的增加而增大；但当 $w > w_{op}$ 后，土的干密度随着含水率的增加而减小。分析其原因，当含水率很低时，土中只有强结合水，阻碍颗粒移动难以压实，当水量适当增大时，土中结合水变厚，水起润滑作用，使颗粒

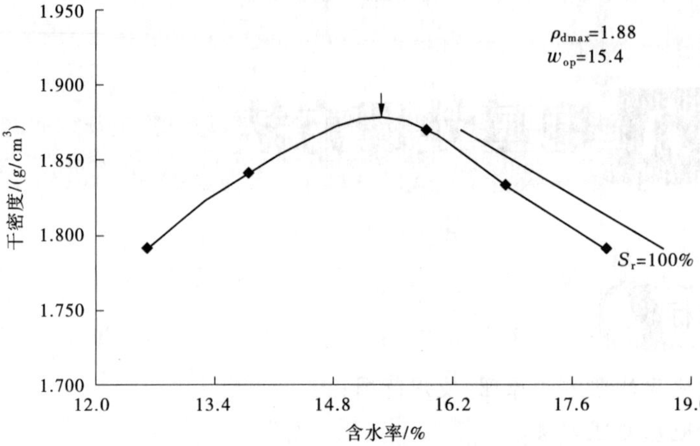

图 9-1 ρ_d-w 关系曲系

易移动,容易压实;含水率超过最优含水率时,土中存在过多的自由水,在击实的同时,自由水无法排出而占有相当的体积,因而固体体积相应减小,使土的干密度降低,研究表明,黏性土的最优含水率约比土的塑限含水率大 1%~2%。

试验表明,黏性土压实效果的影响因素,除与含水率有关外,还与土的粒径级配和压实功能有关。当土相同时,如压实功能大小不同,所得的击实曲线也不同,压实功能越大,最大干密度越大。土的粒径级配也影响土的压实效果,如黏粒含量高或塑性指数大的黏性土,其最大干密度较低,相应的最优含水率较高。

由于砂土的结构与黏性土的结构不同,砂土的击实性能与黏性土不同。砂土的粒径大,孔隙大,受结合水影响小,比黏性土更容易压实。干砂在压力与振动作用下容易被压实。稍湿的砂土,因水的表面张力作用,砂土颗粒很难靠近,压实效果稍差。当充分洒水时,饱和砂土表面张力消失,压实效果会变得良好。

二、机械碾压法

(一)原理

机械碾压法是使用振动碾、平碾和压路机按计划、按次序在松散地基土上压实的一种方法。此方法适用于含水率低的大面积填土地基处理。分层压实的一般填土厚度为 20~30 cm,振动碾压时土层厚度可达 60~130 cm。

(二)适用范围

机械碾压法主要适用于地下水位以上大面积填土地基处理,也可用于含水率低的素填土、杂填土地基压实。

(三)压实质量控制

地基土的压实效果取决于压实机械的压实能和压实土的性质。常用压实系数 λ 与含水率来控制(见表 9-1)。

表 9-1　压实填土的质量控制

结构类型	填土部位	压实系数 λ	控制含水率/%
砌体承重结构和框架结构	在地基主要受力层范围内	≥0.97	$w_{op}\pm 2$
	在地基主要受力层范围以下	≥0.95	
排架结构	在地基主要受力层范围内	≥0.96	
	在地基主要受力层范围以下	≥0.94	

压实系数 λ 由土的控制干密度 ρ_d 与最大干密度 ρ_{dmax} 的比值求得。填土的最大干密度 ρ_{dmax}，当无击实试验资料时，可按下式计算：

$$\rho_{dmax}=\eta\frac{\rho_w d_s}{1+0.01w_{op}d_s} \tag{9-1}$$

式中　η——经验系数，粉质黏土取 0.96，粉土取 0.97。

当压实填土为碎石或卵石时，最大干密度可取 2.0~2.2 t/m³。已知土的压实系数 λ 及最大干密度 ρ_{dmax}，可求得土的控制干密度 ρ_d：

$$\rho_d=\lambda\rho_{dmax} \tag{9-2}$$

（四）地基承载力确定

可根据载荷试验、动力触探和静力触探等现场原位测试结果确定压实填土地基承载力特征值。下卧层顶面的承载力特征值应满足《建筑地基基础设计规范》（GB 50007—2011）的要求。

（五）填土质量要求

压实填土的质量应符合下列规定：

（1）级配良好的碎石土、砂土；

（2）以砾石、卵石或块石作填料时，分层压实的最大粒径不应大于 200 mm，分层夯实的最大粒径不应大于 400 mm；

（3）以粉质黏土、粉土作填料时，其含水率应为最优含水率；

（4）性能稳定的工业废料。

三、重锤夯实法

（一）原理

重锤夯实法是利用小型起重机，将 15~32 kN 的重锤提升至 2.5~4.5 m 高度后，让其在重力作用下自由下落，夯击地基 6~10 遍，达到减小压缩性、提高强度、满足承载要求的目的。

（二）适用范围

重锤夯实法适用于地下水位埋深大于 1.5 m，处于稍湿状态的素填土、杂填土、黏性土、粉土、砂土和湿陷性黄土地基。不适用于软黏土或地下水位以下的饱和黏性土，因在击实过程中这类土的结构容易受到破坏，反而增加土的压缩性，沉降量增加。

(三)夯实效果

重锤夯实法的有效深度为小于 1.5 m。夯实后地基土的强度增加,承载力明显提高。通常夯实杂填土地基后,承载力可达到 150 kPa。

四、振动压实法

(一)原理

振动压实法是使用振动机械在地基土表面施加振动力把松散的土体振实。振动机产生的振动力为 50~100 kN,振动频率为 1 160~1 180 r/min,振幅为 3.5 mm,对细粒土和建筑垃圾的振动压实时间分别为 3~5 min 和 1 min。

(二)适用范围

振动压实法适用于黏粒含量较少、透水性较好的松散杂填土、砂土、建筑垃圾和工业废料地基。

(三)压实效果

压实效果主要取决于振动时间,振动时间越长,效果越好,超过一定时间后,振动效果趋于稳定,故在整体施工之前先进行试振,确定振动时间与下沉量的关系。振实标准以振动机原地振实不再下沉为合格。振动压实法的有效深度小于 1.5 m,压实后的地基承载力为 100~120 kPa。

任务二　强夯法

当软弱土层埋藏较深、采用机械压实法处理难以满足时,可以采用强夯法进行处理。强夯法是 1969 年法国技术公司首创的一种地基处理方法,具有设备简单、工艺方便、应用范围广、施工速度快、费用低的优点,但也有噪声大、对周围建筑物影响严重的缺点。

一、原理

(一)机械设备

1. 夯锤

我国常用锤重为 80~250 kN,世界最大锤重为 2 000 kN,锤重大小根据加固要求由计算与现场试验确定;夯锤因频繁重复使用,材料需坚固、耐久、不变形,理想材料为铸钢;夯锤底面性状宜采用圆形,并设置与顶面贯通的排气孔,以消除高空下落时的气垫,且便于从夯坑中起锤,孔径可取 250~300 mm。

2. 起重机

西欧国家起重机大多采用履带式吊车,日本还采用轮胎式吊车。履带式起重机稳定性好,可在臂杆端部设置辅助门架,防止夯锤在高空自动脱钩时发生机架倾覆。吊车能力大于锤重。

3. 自动脱钩装置

当起重机将夯锤吊至设计高度时,要求夯锤自动脱钩,使夯锤自由下落,夯击地基。自动脱钩装置有两种:一种利用吊车副卷扬机的钢丝绳,吊起特制的锁卡焊合件,使锤脱钩下落;另一种采用定高度自动脱锤索,效果良好。

(二)强夯法加固机制

强夯法将重锤提升到一定的高度自由落下,反复多次夯击对地基土进行夯实。强夯法对于加固地基有三种不同的加固机制。

1. 动力密实机制

加固多空隙、粗颗粒、非饱和土时,强大的冲击能强制压密地基,使土中气体体积减小。

2. 动力加固机制

加固细粒饱和土时,强大的冲击能量在土中产生很大的冲击波,破坏土体的原有结构,使土体局部液化,并产生裂隙,形成排水通道,使空隙水顺利流出,加速土体加固。

动力固结过程主要表现为饱和土的压缩性、局部产生液化、渗透性变化和触变恢复。

3. 动力置换机制

动力置换是在强夯的同时,夯坑中加入碎石,强行挤走软土。动力置换可分为整式置换和桩式置换。整式置换是采用强夯将碎石整体挤入淤泥中。桩式置换是通过强夯将碎石等填筑到土体中,部分碎石间隔夯入软土中,形成桩式碎石墩。

强夯置换法加固机制由强夯加密、碎石墩和特大直径排水井组成,墩间和墩下的粉土或黏性土通过排水与加密,其密度和状态可以改善,从而提高地基承载能力,减少沉降。

(三)强夯法的施工工艺

为了保证强夯加固地基的预期效果,需要严格的、科学的施工技术与管理制度。

(1)夯前地基的详细勘察。查明建筑场地的土层分布、厚度与工程性质指标。

(2)现场试夯与测试。在建筑场地内,选代表性小块面积进行试夯或试验性强夯施工。间隔一段时间后,测试加固效果,为强夯正式施工提供参数确定的依据。

(3)清理并平整场地。平整的范围应大于建筑物外围轮廓线,每边外伸设计处理深度的1/2~2/3,并不小于3 m。

(4)标明第一遍夯点位置。对每一夯击点,用石灰标出夯锤底面外围轮廓线,并测量场地高程。

(5)起重机就位,夯锤对准夯点位置,位于石灰线内。测量夯前锤顶高程。

(6)将夯锤起吊到预定高度,自动脱钩,使夯锤自由下落夯击地基,放下吊钩,测量锤顶高程。若因坑底倾斜造成夯锤歪斜时,应及时整平坑底。

(7)重复步骤(6),按设计规定的夯击次数及控制标准,完成一个夯点的夯击。

(8)重复步骤(5)~(7),按设计强夯点的次序图,完成第一遍全部夯点的夯击。

(9)用推土机将夯坑填平,并测量场地高程。标出第二遍夯点位置。

(10)按规定的间隔时间,待前一遍强夯产生的土中孔隙水压力消散后,再按上述步骤,逐次完成全部夯击遍数,通常为3~5遍。最后采用低能量满夯,将场地表层松土夯实,并测量场地夯后高程。

(11)强夯效果质量检测。全部夯击结束后,按下述间隔:砂土1~2周,低饱和度粉土与黏性土2~4周,进行强夯效果质量检测。采用两种以上方法,检测点不少于3处。对重要工程与复杂场地,应增加检测方法与检测点。检测的深度应不小于设计地基处理的深度。

二、加固深度

(一)公式计算

强夯法加固地基,其有效加固深度与强夯功能的大小有关。可按下式计算:

$$H = \alpha\sqrt{\frac{Mh}{10}} \tag{9-3}$$

式中 H——强夯有效加固深度,m;

M——锤重,kN;

h——自由落锤的高度,m;

α——与土的性质和夯击能有关的系数,一般取 0.5~0.9。

(二)经验统计值

有效加固深度也可按表 9-2 预估。

表 9-2 强夯法有效加固深度

单击夯击能/(kN·m)	碎石土、砂土等粗颗粒土	粉土、黏性土、湿陷性黄土等细颗粒土
1 000	5.0~6.0	4.0~5.0
2 000	6.0~7.0	5.0~6.0
3 000	7.0~8.0	6.0~7.0
4 000	8.0~9.0	7.0~8.0
5 000	9.0~9.5	8.0~8.5
6 000	9.5~10.0	8.5~9.0
8 000	10.0~10.5	9.0~9.5

(三)现场试验

按式(9-3)与表 9-2 初步确定强夯的有效加固深度与夯击功能的关系,选用强夯的锤重与落距,以进行现场试夯为准。

三、使用范围

(一)适用的地基土质

强夯法大多数工程应用动力密实机制,适用于孔隙大而疏松的碎石土、砂土及建筑垃圾,也适用于低饱和度的粉土、黏性土、湿陷性黄土和素填土。对高饱和度的粉土与黏性土地基,尤其对软黏土地基,采用动力固结机制强夯法要慎重。

(二)强夯振动影响范围

强夯时 30 m 以外为相对安全区,15 m 以内为明显振动区,若必须在邻近建筑物处强夯时,需采取相应防振措施。

四、强夯加固地基的效果

强夯加固地基可产生以下几种优良效果。

(1)提高地基承载力。

强夯加固处理后,地基承载力通常可提高 1~5 倍。

(2)深层地基加固。

强夯法可使深层地基得到加固,国内有效加固深度一般为 5~10 m。高能量强夯法加固深度可超过 10 m。

(3)消除液化。

饱和松散粉细砂为可液化土,经强夯后可以消除液化。

(4)消除湿陷性。

某厂区为湿陷性黄土,采用锤重 25 t,落距 25 m,进行加固后,消除黄土湿陷性深度达 12 m。

(5)减小地基沉降量。

强夯加固地基,使土的密度增大,孔隙比减小,压缩系数降低,因此地基沉降量有时减小数倍,并解除不均匀沉降的危害。

【案例 9-1】 强夯法工程

1. 工程地质概况

某重要工程对地基承载力和变形等综合指标有特殊要求,需进行 23 万 m^2 的液化地基强夯处理。

根据工程地质勘察报告,场地属于一级冲积阶地,地势较平坦,地面自然高程约为 19.5 m。场地表层有约 1 m 厚的填土,以不均匀松散粉砂为主,局部含建筑垃圾。其下②~⑥层约 30 m 深度范围内以第四纪冲积的粉土和砂土为主,其中第②层为粉砂风积而成,第③层为高压缩性粉质黏土,该层为仅在场区存在的夹层,第④~⑥层均为中等压缩性粉土和粉砂。场地低层 7 m 范围内,岩性变化比较复杂。

地下水埋深 4.5 m 左右,水位以下②、④、⑤和⑥层局部为可液化层,经Ⅷ度地震烈度下的液化判断,土层深度 8~10 m 以内均为液化层,液化等级一般为中级,第②~⑤层不宜作为持力层,其承载力标准值小于 110 kPa,且为均匀可液化层,如果简单采用桩基,打入第⑥层内,仅能作为端承桩,将会造成不必要的浪费。因此,首先采用强夯工艺消除地基液化,才是最合理的方案。

2. 施工结果检测综合分析

1)场区

本区域强夯面积约 4.1 万 m^2,施工结束后,对强夯地区进行了全面的检测。静载荷试验和标准贯入试验结果显示,强夯处理地基效果显著,基本满足设计要求。

2)循环水场区

本区域强夯面积约 7 000 m^2,施工结束后,本区地基加固效果明显,完全消除液化,承载力特征值 f_{ak} 提高,可满足设计要求。

3)罐区

本区域强夯面积约 14.9 万 m^2。考虑到强液化区液化下限深达 12 m,故夯击能量采用约 3 400 kN · m。根据试验结果,本场区东侧地基经强夯处理后,上部仍软弱,不能满足设计要求。

对于在东部地基较软的部分,设计采用了补夯 1 000 kN · m 两遍与油罐充水预压的方案。满夯后,又对地基进行了检测,检测试验结果如图 9-2、图 9-3 所示。

罐区场地面积大,地层条件复杂,经强夯处理后加固效果明显。

4)EO/EG 装置区

本区域强夯面积约 2.9 万 m^2,地基加固效果明显,完全消除液化,承载力标准值 f_{ak} 提高,可满足设计要求。

强夯法具有设备简单、施工便捷、适用范围广、节省材料、工期短等优点,本项工程实例证明,强夯法用于加固粉土和砂土地基可以取得很好的处理效果。本工程约 23 万 m^2 地基采用强夯处理,价格仅为 24 元/m^2,而采用其他方法处理最便宜也需 200~300 元/m^2,节省投资逾 3 000 万元,经济效益十分显著,并且可缩短施工周期。

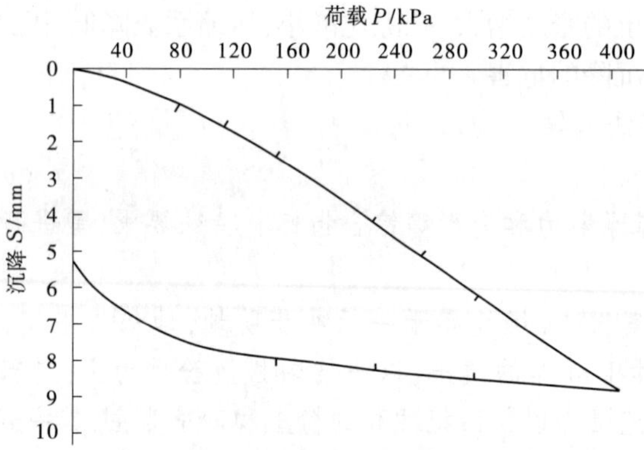

图 9-2 ××强夯地基静载试验 P-S 曲线

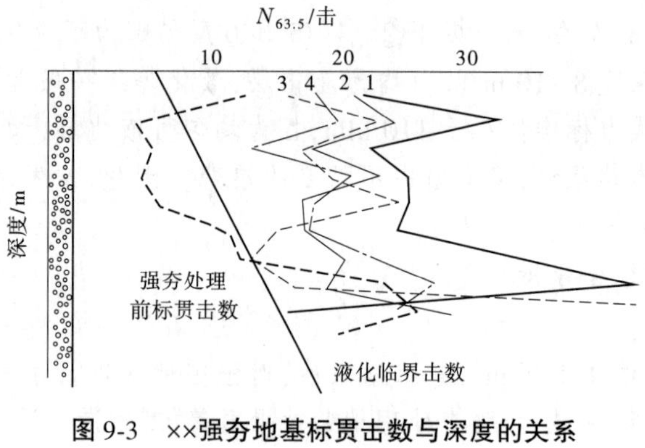

图 9-3 ××强夯地基标贯击数与深度的关系

任务三 换填垫层法

换填垫层法是针对浅层软弱地基及不均匀地基采用的一种处理方法,主要有提高地基持力层的承载力、减小基础的沉降量和加速地基的排水固结几个方面的作用。此外,砂土和碎石垫层有可以防止冻胀和消除膨胀土地基的胀缩作用,在季节性冻土地区,用砂垫层置换膨胀土，可以有效地避免上的胀缩。但砂垫层不宜用于处理湿陷性黄土地基，因为砂垫层的良好透水性反而容易引起黄土产生湿陷。

一、原理

换填垫层法就是将基础底面以下一定范围内的软弱土层挖去，然后充填质地坚硬、强度高、稳定性强、抗侵蚀性的砂、碎石、卵石、素土、灰土、粉煤灰、矿渣等材料，同时以人工或机械方法分层压、夯、振动，使地基土达到要求的密实度，成为良好的人工地基。

经过换填垫层法处理的人工地基或垫层，可以把上部荷载扩散传至下面的下卧层，以满足提高地基承载力和减少沉降量的要求。当垫层下有较软土层时，可以加速软弱土层的排水固结和强度的提高。

二、适用范围

换填垫层法适用于浅层地基处理，包括淤泥、淤泥质土、松散素填土、杂填土、已完成自重固结的冲填土等地基处理，以及暗塘、暗浜、暗沟等浅层处理和低洼区域的填筑；也适用于一些地域性特殊土的处理。

三、砂垫层设计要求

为了满足建筑物对地基承载力和沉降的要求，砂垫层应注意厚度和宽度的设计。

（一）砂垫层的厚度

砂垫层的厚度应满足在压力作用下地基不产生破坏，垫层底面的压力不超过软弱下卧层的承载力。即

$$p_z + p_{cz} \leqslant f_{az} \tag{9-4}$$

式中　p_z——砂垫层底面处的附加应力设计值，kPa；

p_{cz}——砂垫层底面处土的自重应力值，kPa；

f_{az}——垫层底面处经深度修正后的地基承载力特征值，kPa。

垫层底面处的附加应力设计值 p_z 可按压力扩散角 θ 进行简化计算：

条形基础

$$P_z = \frac{b(p_k - p_{cz})}{b + 2z\tan\theta} \tag{9-5}$$

矩形基础

$$P_z = \frac{bl(p_k - p_{cz})}{(b + 2z\tan\theta)(l + 2z\tan\theta)} \tag{9-6}$$

式中　b——条形基础或矩形基础底面宽度，m；

l——矩形基础底面的长度，m；

p_k——基础底面处的平均压力值，kPa；

p_{cz}——基础底面处土的自重应力值，kPa；

z——持力层的厚度，m；

θ——垫层的压力扩散角，可通过试验确定，当无试验资料时，可查表 9-3。

表 9-3　压力扩散角　　单位:(°)

z/b	换填材料		
	碎石、砾砂、粗砂、石屑	粉质黏土和粉土	灰土
≥0.25	20	6	28
≥0.50	30	23	

注:1. 当 $z/b<0.25$ 时,除灰土取 $\theta=28°$外,其余材料均取 $\theta=0$;也可由试验确定。

2. 当 $0.25<z/b<0.5$ 时,θ 值可内插求得。

垫层厚度通常取 0.5~1.0 倍基础宽度(为 1~2 m)。当厚度小于 0.5 m 时,垫层不能满足工程要求;若厚度在 3 m 以上,则施工不方便(特别在地下水位较高时),所以垫层厚度应在 0.5~3 m。

(二)垫层的宽度

砂垫层的宽度应满足应力扩散角的要求,同时还要防止垫层向两侧挤动,使基础沉降增大。在实践中常采用扩散角法计算砂垫层宽度,垫层宽度确定后,再按挖土边坡施工要求适当加宽。

$$b' \geq b + 2z\tan\theta \tag{9-7}$$

式中　b'——垫层底面宽度,m;

θ——压力扩散角,(°),可按表 9-3 选取,当 $z/b<0.25$ 时,取 $z/b=0.25$。

垫层宽度可以从垫层底面两侧向上,按基坑开挖期间保持边坡稳定的当地经验放坡确定。垫层顶面每边超出基础底边不宜小于 300 mm。

四、垫层承载力确定

可通过现场载荷试验确定垫层的承载力,同时应进行下卧层承载力的验算。

五、垫层压实标准

对于工程量较大的换填垫层,应按施工机械、换填材料及场地的土体性质进行现场试验,确定垫层的压实标准。一般可按表 9-4 查取。

表 9-4　各种垫层的压实标准

施工方法	换填材料类别	压实系数 λ
夯实、振密或碾压	碎石、卵石	0.94~0.97
	砂夹石(其中碎石、卵石占全重的 30%~50%)	
	土夹石(其中碎石、卵石占全重的 30%~50%)	
	中砂、粗砂、砾砂、角砾、圆砾、石屑	
	粉质黏土	
	灰土	0.95
	粉煤灰	0.90~0.95

【案例 9-2】　换填垫层法

1. 工程概况

某体育馆三层混合结构，建在冲填土的暗浜范围内，经砂垫层换土处理，建后 40 余年来，使用情况良好。

2. 工程地质概况

建筑场地由于浜底淤泥未挖除，地下水位较高，致使冲填龄期达 40 余年的土仍不能充分固结，经勘察证实土质软弱且不均匀，见表 9-5。在基础平面外的灰色冲填土层上进行了两个载荷试验，荷载值为 50 kPa 及 70 kPa，此值代表 $N_{63.5}>3$ 的较好地段，它比基础平面内的地基土承载力要大，故不宜作为天然地基持力层。

表 9-5　地基土分层及主要物理力学指标

土层名称	土层厚度/m	底层高程/m	w/%	γ/(kN/m³)	I_p	e	c/kPa	φ/(°)	a_{1-2}	$N_{63.5}$	[R]/kPa
褐黄色冲填土	1.0	3.38									
灰色冲填土	2.3	1.08	35.6	17.74	11.3	1.04	8.8	22.5	0.029	<2	
塘底淤泥	0.5	0.58	43.9	16.95	14.5	1.30	8.8	16	0.061	0	
淤泥质亚黏土	7	-6.42	34.2	18.23	11.3	1.00	8.8	21	0.043		98
淤泥质黏土	未穿		53	16.66	20	1.47	8.8	11.5	0.013		58.8

注：灰色冲填土及浜底淤泥在轻微振动下常产生触变液化现象，其数据一般偏好（土样运回实验室做试验）。灰色填土经颗分试验得知，黏粒（<0.005 mm）含量小于 10%，粉粒（0.05~0.005 mm）加砂粒（0.01~0.05 mm）含量大于 90%，属于粉性土。

3. 设计与施工概况

1）设计方案比较

（1）如果用深基础至淤泥质亚黏土层内，需挖土 4 m，因地下水位高，且浜底淤泥渗透性差，采用井点降水效果不佳，施工困难。

（2）不挖土，打 20 cm×20 cm 的钢筋混凝土短桩，桩长 5~8 m，单桩承载力只有 50~80 kN。冲填土尚未完全固结，需做架空室内地板，增加了造价。

（3）如采用表面压实法处理，可使地下水位高的砂性冲填土发生液化。

（4）用砂垫层置换部分冲填土，辅以井点降水，并适当降低基底压力。

最后设计采用第（4）种方案，并控制基底压力为 74 kPa。

2)施工情况

(1)砂垫层材料为中砂,用平板式振捣器分层捣实,控制土的干重度大于16 kN/m³。

(2)沿建筑物四周布置井点,井管滤头进入淤泥质亚黏土层内,但因浜底淤泥的渗透性差,降水效果不好,补打井点,将滤头提高至填土层底。

(3)吊装三层楼板时停止井点抽水。

4.效果及评价

(1)建成20余年后,实测沉降量约20 cm,纵向相对弯曲值0.000 8,未超过容许沉降量。

(2)由于十字条形基础和砂垫层处理都起到了均匀传递和扩散压力的作用,还改善了暗浜(浜底淤泥未挖除)内冲填土的排水固结条件,冲填土和淤泥在承受上部结构荷载后,孔隙水压力增大,并通过砂垫层排水,同时将应力传递给土粒。当颗粒间应力大于土的抗剪强度时,土粒发生相对运动,土层逐渐固结,强度随之提高。

(3)浜底淤泥的存在,使降水点降水效果受到限制,影响冲填土的固结和天然地基承载力的提高,并给地基处理带来很多困难。

任务四　预压法

预压法又称排水固结法,是指预先在地基中设置竖向排水井,在荷载作用下,使土中的孔隙水被慢慢排出,孔隙比减小,地基发生固结变形,地基土的强度增长的处理方法。预压法适用于处理淤泥、淤泥质土和冲填土等饱和黏性土地基。按照使用目的的不同,预压法主要用于解决沉降问题和稳定问题。

一、原理

预压法包括堆载预压法和真空预压法。堆载预压法是建筑物施工前在场地上进行加载,对地基进行预压(见图9-4)。一般情况下预压荷载与建筑物荷载相等,当建筑物对沉降有严格要求时,应采取超载预压。真空预压法是在砂垫层上用不透气的薄膜密封,然后用真空泵对砂垫层及砂井抽气,使土体排水固结(见图9-5)。

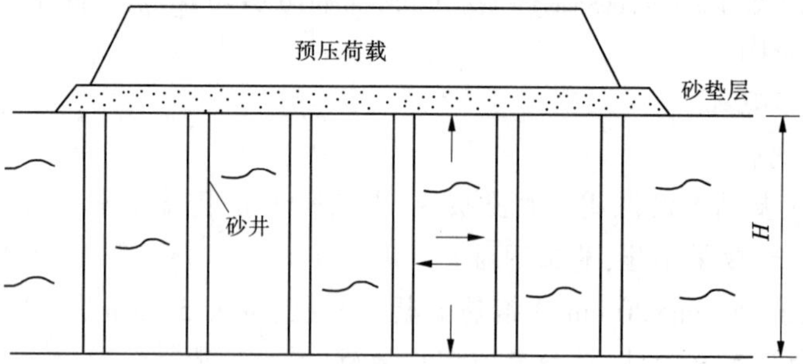

图9-4　堆载预压示意图

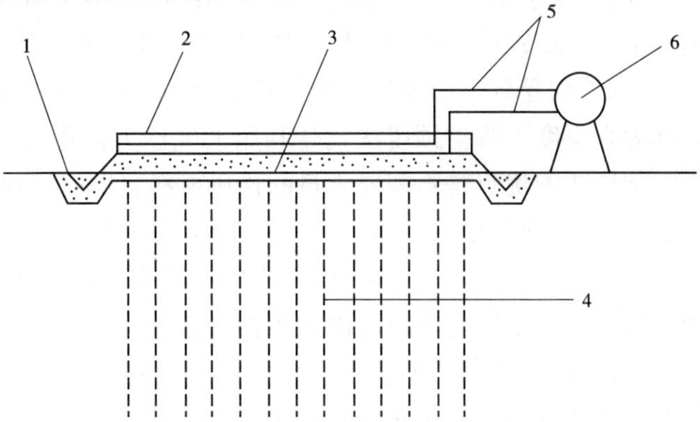

1—黏土密封;2—塑料膜;3—砂垫层;4—砂井;5—排水管;6—真空泵设备。

图 9-5　真空预压示意图

排水固结过程由排水系统和加压系统两部分组合而成(见图 9-6),主要用于解决地基沉降和稳定问题。

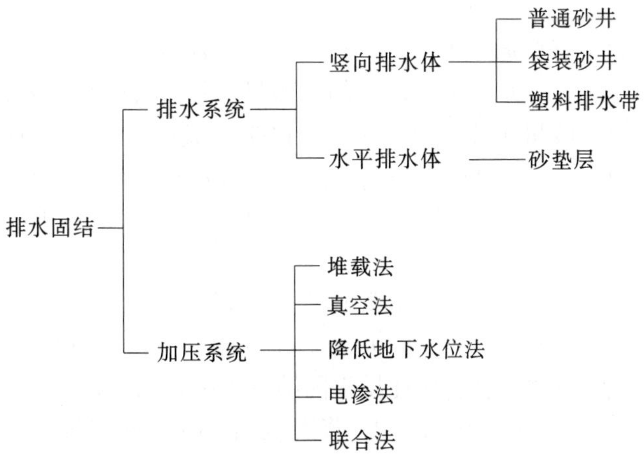

图 9-6　排水固结过程

排水系统主要由水平排水垫层和竖向排水井构成,用于改变地基排水条件,缩短排水距离,增加孔隙水排出的途径。当土的渗透性较好或软土层较薄,施工期较长时,可仅在地面铺设一定厚度的砂垫层,然后施加荷载。当工程上遇到透水性很差的深厚软土层时,可在地基中铺设排水砂垫层和设置砂井等竖向排水体构成排水系统,加快土体固结。

加压系统是指通过堆载法、真空法、降低地下水位法、电渗法和联合法产生的压力对地基施行预压荷载。

堆载预压法是在荷载作用下,土中孔隙水逐渐排出,孔隙体积不断减小,使地基土在短期内得到较好的固结效果,地基沉降提前完成;随着孔隙水压力逐渐消散,土中有效应力逐渐增加,并加速地基土抗剪强度的增长,从而提高地基的承载力和稳定性。

真空预压法在砂井(或袋装砂井、塑料排水带)顶部铺设砂垫层后,再在砂垫层上铺一层不透水的薄膜(塑料或橡皮布),四周埋入土中,使之密封。然后用真空泵、抽水泵抽气抽水,在抽气前薄膜内外均受到一个大气压的作用,抽气后薄膜内的压力下降,薄膜内外形成一个压力差称为真空度。真空预压法就是利用大气压力差作为预压荷载,使土体逐渐排水固结。真空预压法的优点是不需要大量的预压材料,且不会引起地基的失稳。

堆载与真空联合预压法,通过堆载预压和真空预压加固软基的基本原理可以看出,堆载预压虽然也使土中空隙的水向砂井中汇集,但与真空预压引起的土中水渗流的基本原理却有本质的区别。堆载与真空联合预压可以发挥两种预压方法的优势,具有堆载预压与真空预压的双重效果,可以使正负孔隙水压力的压力差增大,加快孔隙水压力的消散,提高固结速度。但堆载预压与真空预压必须同时作用。

采用堆载与真空联合预压法,施加堆载时应注意以下事项:对真空密封膜上下应进行保护,防止堆载过程中被刺破;当真空预压地基固结度达30%~50%后开始堆载效果比较好;施加每级荷载前,均应进行固结度、强度增长和稳定性验算,满足要求后方可施加下一级荷载。

二、施工要点

(1)竖向排水井通常有普通砂井、塑料排水带和袋装砂井三类。普通砂井的砂料应选用中粗砂,其黏粒含量不应大于3%;砂井的灌砂量应按井孔的体积和砂在中密状态时的干密度计算,其实际灌砂量不得小于计算值的95%;成孔方法有沉管法和水冲法等。袋装砂井和塑料排水带采用专用施工设备,平面井距偏差不应大于井径,垂直度偏差不应大于1.5%,深度符合设计要求。灌入砂袋中的砂宜用干砂,并应灌制密实。塑料排水带的性能指标必须符合设计要求。

(2)砂垫层的厚度不应小于500 mm,砂料宜用中粗砂(可有少量粒径小于50 mm的砾石),黏粒含量不应大于3%,干密度应大于1.5 g/cm^3,渗透系数宜大于1×10^{-2}cm/s。铺设时应注意与竖向排水井的连接,保证排水固结过程中排水流畅。

(3)对堆载预压工程,预压荷载的大小、范围、加载速率、卸载等均应符合设计规定。在加载过程中应进行竖向变形、边桩水平位移及孔隙水压力等项目的监测,并根据监测资料控制加载速率。对竖井地基,最大竖向变形量每天不应超过15 mm;对天然地基,最大竖向变形量每天不应超过10 mm;边桩水平位移每天不应超过5 mm,并应根据上述观测资料综合分析,判断地基的稳定性。

(4)真空预压法成功的关键在于能否形成负压区,因此真空管路的连接必须严格密封,密封膜应采用抗老化性能好、韧性好、抗穿刺性能强的不透气材料。密封膜宜铺设三层,膜周边可采用挖沟埋膜、平铺并用黏土覆盖压边、膜上覆水等方法进行密封。真空预压的抽气设备宜采用射流真空泵,空抽时必须达到95 kPa以上的真空吸力,其设置应根据预压面积的大小和形状、真空泵效率和工程经验确定,但每预压区至少应设置两台。

三、质量检验

施工前应检查施工监测措施,沉降、孔隙水压力等原始数据,排水设施、砂井(包括袋装砂井)、塑料排水带等位置。塑料排水带必须在现场随机抽样送往实验室进行性能指标的测试。

施工过程中应检查堆载预压施工的堆载高度、沉降速率,真空预压施工的密封膜密封性能、真空表读数,以及施工记录、监测数据等。

施工结束后排水竖井处理深度范围内和竖井底面以下受压土层,经预压所完成的竖向变形和平均固结度应满足设计要求,并对预压的地基土进行原位十字板剪切试验和室内土工试验,必要时尚应进行现场载荷试验,试验数量不应少于3点。

四、注意事项

(1)预压法处理地基前,应查明土层在水平方向和竖直方向的分布规律,渗透系数的变化规律;通过三轴剪切试验及原位十字板试验确定土的抗剪强度指标等。

(2)重要工程,应在现场选择试验区进行预压试验,并测得试验区地基竖向变形、侧向位移、孔隙水压力、地下水位等观测数据。根据试验区获得的监测资料对原设计进行修正,并指导全场的设计与施工。

(3)堆载预压工程,预压荷载应分级逐级施加,确保每级荷载下地基的稳定性,而对真空预压工程,可一次连续抽真空至最大压力。

(4)对以变形控制为主的建筑,当土层经预压所完成的变形量和平均固结度符合设计要求时,方可卸载。

(5)对主要以地基承载力或抗滑稳定性控制的建筑,当地基土经预压而增长的强度满足建筑物地基承载力或稳定性要求时,方可卸载。

【案例9-3】 预压法工程

1. 工程概况

某炼油厂位于沿海地区,厂区大小油罐共60余个,其中1万m^3的油罐10个,罐体采用钢制焊接固定拱顶的结构形式。油罐直径$D=31.28$ m,采用钢筋混凝土环形基础,环基高度取决于油罐沉降大小和使用要求,本设计环基高$h=2.3$ m,其中填砂。

2. 工程地质情况

罐区地基土属第四纪滨海沉积相沉积软黏土,土质十分软弱,而油罐基底压力为191.4 kN/m^2,所以油罐地基采用砂井并充水预压处理。

场地地基土自上而下分为:第一层为黄褐色粉质黏土硬壳层,厚度在1 m左右;第二层为淤泥质黏土,厚度约3.2 m;第三层为淤泥质粉质黏土,其中夹有薄层粉砂,平均厚度为4.0 m;第四层为淤泥质黏土,其中含有粉砂夹层,下部粉砂夹层逐渐增多而过渡到粉砂层,此层平均厚度为9.3 m;第五层为粉、细、中砂混合层,其中以细砂为主并混有黏土,平均厚度为8 m;第五层以下为黏土、亚黏土及淤泥质黏土层,距地面50 m左右为厚砂层,基岩在80 m以下。各土层的物理力学性质指标见表9-6。

从土工试验资料来看,主要持力层土含水率高,压缩性高,抗剪强度低。第三、第四层由于含有薄粉砂夹层,其水平向渗透系数大于竖向渗透系数,这对加速土的排水固结是有利的。

表 9-6　各层土的主要物理力学性质指标

层序	土层名称	含水率/%	重度/(kN/m³)	孔隙比	液限/%	塑限/%	塑性指数	液性指数	压缩系数/MPa^{-1}	固结系数($10^{-3}cm^2/s$)		三轴固结快剪		十字板强度/(kN/m^2)
										竖向 C_u	径向 C_h	c'/(kN/m^2)	φ/(°)	
1	粉质黏土	31.3	19.1	0.87	34.7	19.3	15.5	0.78	0.036	1.57	1.82	—	—	
2	淤泥质黏土	46.7	17.7	1.28	40.4	21.3	19.1	1.33	0.114	1.12	0.91	0	26.1	17.5
3	淤泥质粉质黏土	39.1	18.1	1.07	33.1	19.0	14.1	1.42	0.066	3.40	4.81	11.4	28.9	24.8
4	淤泥质黏土	50.2	17.1	1.04	41.4	21.3	20.1	1.43	0.102	0.81	3.15	0	25.7	40.1
5	粉细中砂	30.1	18.4	0.90	24.5	16.3	7.2	1.91	0.023	—	—	—	—	—
6a	粉质黏土	32.3	18.4	0.90	29.0	17.9	11.1	1.29	0.038	3.82	6.28	—	—	—
6b	淤泥质黏土	41.2	17.6	1.20	41.0	21.3	19.7	1.01	0.061	—	—	—	—	—
7	黏土	44.4	17.3	1.28	46.7	26.3	21.4	0.89	0.045	—	—	—	—	—
8	粉质黏土	32.4	18.3	0.97	33.8	20.7	13.1	0.89	0.028	—	—	—	—	—

3. 方案设计

砂井直径 40 cm、间距 2.5 m，采用等边三角形布置。考虑到地面下 17 m 处有粉细中砂层，为便于排水，砂井长度为 18 m，砂井的范围比构筑物基础稍大为好，本工程基础外设两排砂井以利于基础外地基土强度的提高，减小侧向变形。砂井布置见图 9-7。

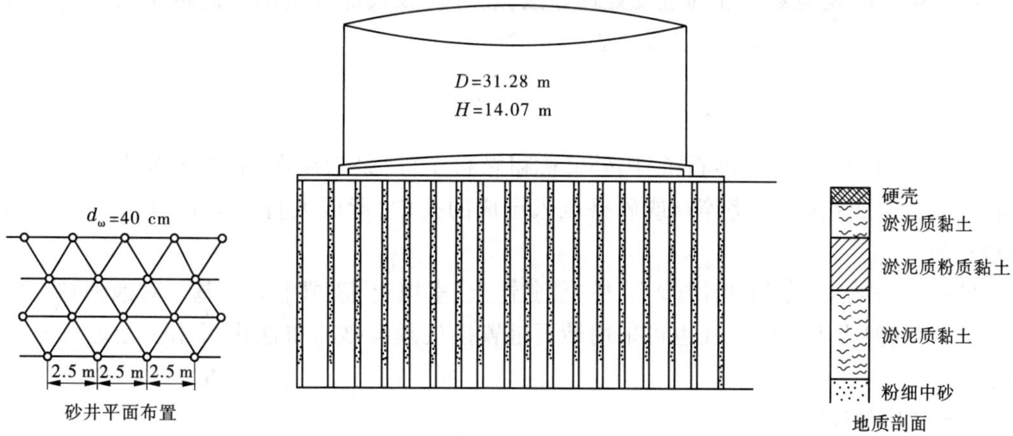

图 9-7　砂井平面布置及其剖面图

4. 施工方法及其效果

本工程采用高压水冲法施工，即在普通钻机钻杆上接上喷水头，外面罩上一定直径的切土环刀，由高压水和切土环刀把泥浆泛出地面从排水沟排出，当孔内水含泥量较少时倒入砂而形成砂井。该法机具简单、成本低、对土的结构扰动小，缺点是砂井的含泥量较其他施工方法大，场地上泥浆多，在铺砂垫层前必须进行清理。

本工程进行了现场沉降观测和孔隙水压力观测，从稳定性方面看，在充水预压过程中，除个别测点外，孔隙水压力和沉降实测结果均未超过控制标准，罐外地面无隆起现象，说明在充水过程中地基是稳定的。从固结效果看，当充水高度达罐顶后 30 d，孔隙水压力已基本消散。放水前实测沉降值已接近最终值，说明固结效果是显著的。因此，可认为该工程采用砂井充水预压在技术上达到了预定的效果。

任务五　深层挤密法

深层挤密法是将砂、石、土(灰土)、石灰等材料填入通过以振动、冲击或带套管等方法形成的钻孔中，加以振实而成为直径较大桩体的方法。按填入材料的不同，可分为砂桩、土(灰土)桩和石灰桩。挤密桩属于柔性桩，它主要靠桩管打入地基时对地基土的横向挤密作用，在一定的挤密功能作用下土粒彼此移动，小颗粒填入大颗粒的孔隙，颗粒间彼此紧靠，孔隙减小，此时土的骨架作用随之增强，从而使土的压缩性减小和抗剪强度提高。由于基桩本身具有较高的承载能力和较大的变形模量，且桩体断面较大，占松软土加固面积的 20%~30%，故在黏性土地基加固时，桩体与桩周土组成复合地基，可共同承担建筑物的荷载。

水泥粉煤灰碎石桩简称 CFG 桩，是在碎石桩的基础上掺入适量的石屑、粉煤灰和少量的水泥加水拌和后制成的一种具有一定胶结强度的桩体,它是近几年发展起来的处理软弱地基的一种新方法。由于碎石桩在荷载作用下将会产生鼓胀变形,当桩周土为强度较低的软黏土时,桩体易产生鼓胀破坏。为此,碎石桩加固软土地基仅可提高地基承载力约 1 倍。而 CFG 桩是一种低强度混凝土桩,因而它可较大幅度地提高地基承载力。

深层挤密法是地基工程的重要处理方法,它可使较大深度范围内的地基土挤密。目前,在我国技术较为成熟的深层挤密法可分为以下几种。

一、砂石桩法

碎石桩和砂桩总称为砂石桩,国外又称粗颗粒土桩,是指用振动、冲击或水冲等方式在软弱地基中成孔后,再将碎石或砂挤压入已成的孔中,形成大直径的碎(砂)石所构成的密实桩体。

砂石桩法适用于挤密松散砂土、粉土、黏性土、素填土、杂填土等地基。对饱和黏土地基,变形控制要求不严的工程也可采用砂石桩置换处理。砂石桩法也可用于处理可液化地基。

(一)加固机制

1. 砂类土加固机制

疏松砂土为单粒结构,孔隙大,颗粒位置不稳定。在静力和振动力的作用下,土粒易位移至稳定位置,使孔隙减小,达到压密加固的目的。

在成桩过程中,下入套管对周围砂层产生很大的横向挤压力,砂土被挤向桩管四周,使桩管周围的砂层孔隙比减小,密度增大。因而挤密砂桩的加固效果为:

(1)使原松砂地基挤密至临界孔隙比以下,以防止砂土振动液化。

(2)由于形成强度高的挤密砂石桩,提高了地基的抗剪强度和水平抵抗力。

(3)加固后的地基大大减少了固结沉降。

(4)由于施工的挤密作用,加固后的地基变得十分均匀。

2. 黏性土加固机制

砂石桩在黏性土地基中主要利用砂石桩本身的强度及其排水效果。其作用为:

(1)砂石桩置换。在黏性土中建成大直径密实砂石桩柱体,因此砂石桩与黏性土形成复合地基,共同承担上部荷载,提高了地基承载力和整体稳定性,防止地基产生滑动破坏。

(2)外部荷载产生向砂石桩的应力集中,使砂石桩周围黏性土承受的压力减小,从而减小了地基的固结沉降。实践证明,经砂石桩处理的淤泥质黏性土地基沉降量比不处理的沉降量减少 20%~30%。

(3)排水固结。由于密实砂石桩在黏性土地基中构成排水路径,起着排水砂井的作用,所以加速了固结速率。

(二)设计原则

1. 加固范围

加固范围应根据上部结构特征、基础尺寸大小、基础的形式、荷载条件和工程地质条件综合而定,通常都大于基底面积。由于基础传递的压力向基础以外扩散,外围 2~3 排桩的挤密效果较差,处理宽度在基础外缘应扩大 1~3 排;对可液化地基,在基础外缘扩大宽度不应小于可液化土层厚度的 1/2,并不应小于 5 m。

2. 桩位布置

砂石桩的间距应通过现场试验确定。对粉土和砂土地基,不宜大于砂石桩直径的 4.5 倍;对黏性土地基不宜大于砂石桩直径的 3 倍。对大面积满堂处理,桩位宜用等边三角形布置;对独立基础或条形基础,桩位宜用正方形、矩形或等腰三角形布置;对于圆形或环形基础(如油罐基础)宜用放射形布置。

3. 桩长

桩长应根据软弱土层的性能、厚度或工程要求按下列原则确定:

(1)当松软土层厚度不大时,砂石桩桩长宜穿过松软土层;

(2)当松软土层厚度较大时,对按稳定性控制的工程,桩长应大于最危险滑动面以下 2 m 的深度;

(3)在可液化地基中,桩长应按要求的抗震处理深度确定;

(4)桩长不宜短于 4 m。

4. 桩径

碎(砂)石桩的直径应根据地基土质情况和成桩设备等因素确定。一般直径为 300~800 mm,对饱和黏性土地基宜选用较大的直径。

5. 材料

桩体材料可以就地取材,一般使用中、粗混合砂,碎石,卵石,砂砾石等,含泥量不大于 5%,最大粒径不宜大于 50 mm。

6. 垫层

碎(砂)石桩施工完毕后,基础底面应铺设 30~50 cm 厚度的碎(砂)石垫层,垫层应分层铺设,用平板振动器振实。在不能保证施工机械正常行驶和操作的软弱土层上,应铺设施工用临时性垫层。

7. 地基承载力特征值

砂石桩复合地基的承载力特征值,应通过现场复合地基载荷试验确定。

(三)施工

(1)砂石桩施工可采用振动沉管、锤击沉管或冲击成孔等成桩法。当用于消除粉细砂及粉土液化时,宜用振动沉管成桩法。

(2)施工前应进行成桩工艺和成桩挤密试验。当成桩质量不能满足设计要求时,应在调整设计与施工有关参数后,重新进行试验或改变设计。

(3)振动沉管成桩法施工应根据沉管和挤密情况,控制填砂石量、提升高度和速度、挤压次数和时间、电机的工作电流等。

(4)砂石桩的施工顺序:对砂土地基宜从外围或两侧向中间进行,对黏性土地基宜从中间向外围或隔排施工;在既有建筑物邻近施工时,应背离建筑物方向进行。

(5)施工时桩位水平偏差不应大于 0.3 倍套管外径;套管垂直度偏差不应大于 1%。

(6)砂石桩施工后,应将基底标高下的松散层挖除或夯压密实,随后铺设并压实砂石垫层。

(四)质量检验

(1)应在施工期间及施工结束后,检查砂石桩的施工记录。对沉管法,尚应检查套管往复挤压振动次数与时间、套管升降幅度和速度、每次填砂石料量等项施工记录。

(2)施工后应间隔一定时间方可进行质量检验。对饱和黏性土地基应待孔隙水压力消散后进行,间隔时间不宜少于 28 d;对粉土、砂土和杂填土地基,不宜少于 7 d。

(3)砂石桩的施工质量检验可采用单桩载荷试验,对桩体可采用动力触探试验检测,对桩间土可采用标准贯入、静力触探、动力触探或其他原位测试等方法进行检测。桩间土质量的检测位置应在等边三角形或正方形的中心。检测数量不应少于桩孔总数的 2%。

(4)砂石桩地基竣工验收时,承载力检验应采用复合地基载荷试验。

(5)复合地基载荷试验数量不应少于总桩数的 0.5%,且每个单体建筑不应少于 3 点。

二、土和灰土挤密桩法

(一)概述

土(或灰土)桩挤密法是利用打入钢套管(或振动沉管)在地基中成孔,通过"挤"压作用,使地基土得到加"密",然后在孔中分层填入素土(或灰土)后夯实而成土桩(或灰土桩)。土桩与桩间土共同组成复合地基。土(或灰土)桩挤密法与其他地基处理方法比较,有如下主要特征:

(1)土(或灰土)桩挤密法是横向挤密,但可同样达到所要求加密处理后的最大干密度的指标。

(2)与土垫层相比,无须开挖回填,因而节约了开挖和回填土方的工作量,比换填法缩短工期约一半。

(3)由于不受开挖和回填的限制,一般处理深度可达 12~15 m。

(4)由于填入桩孔的材料均属就地取材,因而比其他处理湿陷性黄土和人工填土的方法造价为低,尤其利用粉煤灰可变废为宝,取得很好的社会效益。

土(或灰土)桩适用于处理深度 5~15 m、地下水位以上、含水率 14%~23% 的湿陷性黄土、素填土、杂填土及其他非饱和黏性土、粉土等土层。当地基土的含水率大于 24%、饱和度大于 0.65 时,不宜选用土(或灰土)挤密桩法。

当以消除地基的湿陷性为主要目的时,宜选用土桩;当以提高地基的承载力或水稳性为主要目的时,宜选用灰土桩。

(二)加固机制

1. 挤密作用

土(或灰土)桩挤压成孔时,桩孔位置原有土体被强制侧向挤压,使桩周一定范围内的土层密实度提高。其挤密影响半径通常为(1.5~2.0)d(d 为桩径)。相邻桩孔间挤密效果试验表明,在相邻桩孔挤密区交界处挤密效果相互叠加,桩间土中心部位的密实度增大,且桩间土的密度变得均匀,桩距越近,叠加效果越显著。合理的相邻桩孔中心距为 2~2.5 倍桩孔直径。

土的天然含水率和干密度对挤密效果影响较大,当含水率接近最优含水率时,土呈塑性状态，挤密效果最佳。当含水率偏低，土呈坚硬状态时，有效挤密区变小。当含水率过高时，由于挤压引起超孔隙水压力，土体难以挤密，且孔壁附近土的强度因受扰动而降低，拔管时容易出现缩颈等情况。

土的天然干密度越大，则有效挤密范围越大；反之，则有效挤密区较小，挤密效果较差。土质均匀则有效挤密范围大，土质不均匀，则有效挤密范围小。

土体的天然孔隙比对挤密效果有较大影响，当 $e=0.90\sim1.20$ 时，挤密效果好，当 $e<0.80$ 时，一般情况下土的湿陷性已消除，没有必要采用挤密地基，故应持慎重态度。

2. 灰土性质作用

灰土桩是用石灰和土按一定体积比例(2∶8或3∶7)拌和，并在桩孔内夯实加密后形成的桩，这种材料在化学性能上具有气硬性和水硬性，由于石灰内带正电荷钙离子与带负电荷黏土颗粒相互吸附，形成胶体凝聚，并随灰土龄期增长，土体固化作用提高，使土体逐渐增加强度。在力学性能上，它可达到挤密地基效果，提高地基承载力，消除湿陷性，使沉降均匀和沉降量减小。

3. 桩体作用

在灰土桩挤密地基中，由于灰土桩的变形模量远大于桩间土的变形模量(灰土的变形模量为 $E_0=29\sim36$ MPa，相当于夯实素土的2～10倍)，荷载向桩上产生应力集中，从而降低了基础底面以下一定深度内土中的应力，消除了持力层内产生大量压缩变形和湿陷变形的不利因素。此外，由于灰土桩对桩间土能起侧向约束作用，限制土的侧向移动，桩间土只产生竖向压密，使压力与沉降始终呈线性关系。

土桩挤密地基由桩间挤密土和分层填夯的素土桩组成，土桩桩体和桩间土均为被机械挤密的重塑土，两者均属同类土料，两者的物理力学指标无明显差异。因此，土桩挤密地基可视为厚度较大的素土垫层。

(三)设计计算

1. 桩孔布置原则和要求

(1)桩孔间距应以保证桩间土挤密后达到要求的密实度和消除湿陷性为原则。一般用成孔挤密后的平均挤密系数来表示。对重要工程不宜小于0.93，对一般工程不宜小于0.9。

(2)桩体夯实质量，用平均压实系数控制，一般不应小于0.96。

2. 桩径

桩孔直径宜为300～450 mm，并可根据所选用的成孔设备或成孔方法确定。

3. 桩距和排距

桩孔宜按等边三角形布置(见图9-8)，桩孔之间的中心距离，可为桩孔直径的2.0～2.5倍。

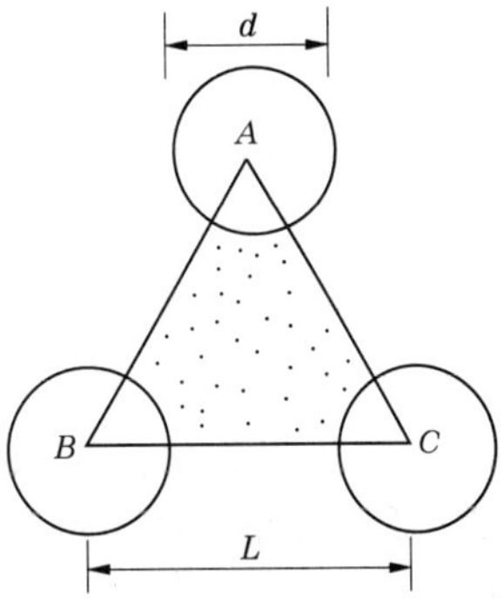

图9-8 桩距和排距计算示意图

4. 处理范围

土(或灰土)桩处理地基的面积，应大于基础或建筑物底层平面的面积，并应符合下列规定：

(1)当采用局部处理时,超出基础底面的宽度:对非自重湿陷性黄土、素填土和杂填土等地基,每边不应小于基底宽度的25%,并不应小于0.50 m;对自重湿陷性黄土地基,每边不应小于基底宽度的75%,并不应小于1.00 m。

(2)当采用整片处理时,超出建筑物外墙基础底面外缘的宽度,每边不宜小于处理土层厚度的1/2,并不应小于2 m。

(3)灰土挤密桩和土挤密桩处理地基的深度,应根据建筑场地的土质情况、工程要求和成孔及夯实设备等综合因素确定。对湿陷性黄土地基,应符合现行国家标准《湿陷性黄土地区建筑标准》(GB 50025—2018)的有关规定。

(4)桩顶标高以上应设置300~500 mm厚的2:8灰土垫层,其压实系数不应小于0.95。

5.地基承载力特征值

土(或灰土)挤密桩复合地基承载力特征值,应通过现场单桩或多桩复合地基载荷试验确定。初步设计当无试验资料时,可按当地经验确定,但对灰土挤密桩复合地基的承载力特征值,不宜大于处理前的2.0倍,并不宜大于250 kPa;对土挤密桩复合地基的承载力特征值,不宜大于处理前的1.4倍,并不宜大于180 kPa。

(四)施工方法

土(或灰土)桩的施工应按设计要求和现场条件选用沉管(振动或锤击)、冲击等方法进行成孔,使土向孔的周围挤密。成孔和回填夯实施工应符合下列要求:

(1)桩顶设计标高以上的预留覆盖土层厚度宜符合下列要求:

①沉管(锤击、振动)成孔,宜为0.50~0.70 m;

②冲击成孔,宜为1.20~1.50 m。

(2)成孔时,地基土宜接近最优(或塑限)含水率,当土的含水率低于12%时,宜对拟处理范围内的土层进行增湿。

(3)成孔和孔内回填夯实应符合下列要求:

①成孔和孔内回填夯实的施工顺序,当整片处理时,宜从里(或中间)向外间隔1~2孔进行,对大型工程,可采取分段施工;当局部处理时,宜从外向里间隔1~2孔进行。

②向孔内填料前,孔底应夯实,并应抽样检查桩孔的直径、深度和垂直度。

③桩孔的垂直度偏差不宜大于1.5%。

④桩孔中心点的偏差不宜超过桩距设计值的5%。

⑤经检验合格后,应按设计要求,向孔内分层填入筛好的素土、灰土或其他填料,并应分层夯实至设计标高。

(4)铺设灰土垫层前,应按设计要求将桩顶标高以上的预留松动土层挖除或夯(压)密实。

(5)施工过程中,应有专人监理成孔及回填夯实的质量,并应做好施工记录。如发现地基土质与勘察资料不符,应立即停止施工,待查明情况或采取有效措施处理后,方可继续施工。

(6)雨季或冬季施工,应采取防雨或防冻措施,防止灰土和土料受雨水淋湿或冻结。

(五)质量检验

(1)成桩后,应及时抽样检验灰土挤密桩或土挤密桩处理地基的质量。对一般工程,主要应检查施工记录、检测全部处理深度内桩体和桩间土的干密度,并将其分别换算为平均压实系数和平均挤密系数。对重要工程,除检测上述内容外,还应测定全部处理深度内桩间土的压缩性和湿陷性。

(2)抽样检验的数量,对一般工程不应少于桩总数的1%,对重要工程不应少于总数的1.5%。

(3)灰土挤密桩和土挤密桩地基竣工验收时,承载力检验应采用复合地基载荷试验。

(4)检验数量不应少于桩总数的0.5%,且每项单体工程不应少于3点。

三、水泥粉煤灰碎石桩法

(一)概述

水泥粉煤灰碎石桩(cement flyash-gravel pile)简称CFG桩,是在碎石桩基础上加进一些石屑、粉煤灰和少量水泥,加水拌和制成的一种具有一定黏结强度的桩,一般强度等级为C5~C25。

与一般的碎石桩相比,碎石桩是散体材料桩,桩本身没有黏结强度,主要靠周围土的约束形成桩体强度,并和桩间土组成复合地基共同承担上部建筑的垂直荷载。土越软,对桩的约束作用越差,桩体强度越小,传递垂直荷载的能力就越差。CFG桩则不同于碎石桩,它具有一定的黏结强度,在外荷载作用下,桩身不会像碎石桩那样出现鼓胀破坏,可全桩长发挥侧摩阻力,桩落在硬土层上具有明显的端承力。荷载通过桩周的摩阻力和桩端阻力传到深层地基中,其复合地基承载力可大幅度提高。

CFG桩复合地基既适用于条形基础、独立基础,也适用于筏基和箱形基础。对土性而言,适用于处理黏性土、粉土、砂土和已自重固结的素填土等地基。对淤泥质土应按地区经验或通过现场试验确定其适用性。CFG桩可用于挤密效果好的土,也可用于挤密效果差的土。当用于挤密效果好的土时,承载力的提高既有挤密作用,又有置换作用;当用于挤密效果差的土时,承载力的提高只与置换作用有关。对于一般黏性土、粉土或砂土,桩端具有好的持力层,经CFG桩处理后可作为高层或超高层建筑地基。

(二)加固机制

CFG桩加固软弱地基,桩和桩间土一起通过褥垫层形成CFG桩复合地基,如图9-9所示。其加固软弱地基主要有三种作用:①桩体作用;②挤密作用;③褥垫层作用。

1. 桩体作用

CFG桩不同于碎石桩,是具有一定黏结强度的混合料。在荷载作用下CFG桩的压缩性明显比其周围软土小,因此基础传给复合地基的附加应力随地基的变形逐渐集中到桩体上,出现应力集中现象,复合地基的CFG桩起到了桩体作用。

2. 挤密作用

CFG桩采用振动沉管法施工,由于振动和挤压作用使桩间土得到挤密。

3. 褥垫层作用

褥垫层是指桩顶和基础之间的散体材料垫层,由级配砂石、粗砂、碎石等材料组成,在

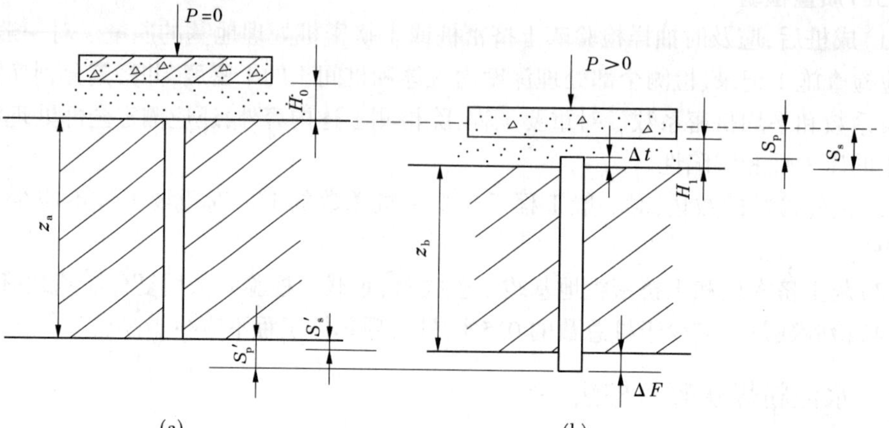

图 9-9　桩复合地基示意图

复合地基中有如下几种作用：

（1）保证桩、土共同承担荷载。

褥垫层的设置为 CFG 桩复合地基在受荷后提供了桩上、下刺入的条件，即使桩端落在好土层上，至少可以提供上刺入的条件，以保证桩间土始终参与工作。

（2）减少基础底面的应力集中。

在基础底面处桩顶应力 σ_p 与桩间土应力 σ_s 之比随褥垫层厚度的变化见图 9-10。当褥垫层厚度大于 10 cm 时，桩对基础产生的应力集中已显著降低。当褥垫层的厚度为 30 cm 时，σ_p/σ_s 只有 1.23。

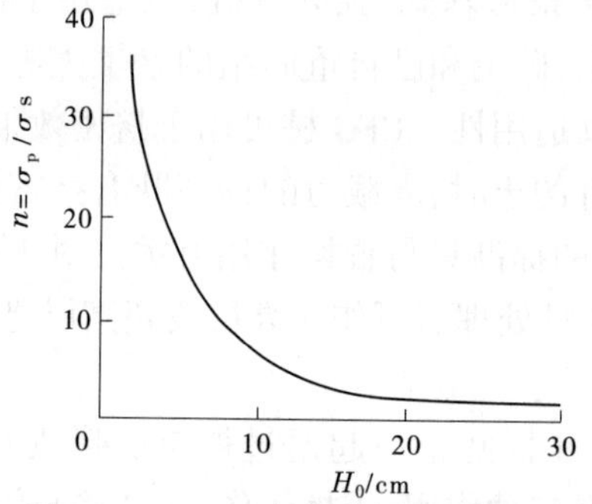

图 9-10　σ_p/σ_s 与褥垫层厚度关系曲线

（3）褥垫层厚度可以调整桩土荷载分担比。

由试验可知，荷载一定时，褥垫越厚，土承担的荷载越多。荷载越大，桩承担的荷载占总荷载的百分比越大。

（4）褥垫层厚度可以调整桩、土水平荷载分担比。

由试验可知，基础承受水平荷载时，不同褥垫层厚度，桩顶水平位移和水平荷载的关系不同。褥垫层厚度越大，桩顶水平位移越小，即桩顶受的水平荷载越小。

(三)设计原理

CFG 桩复合地基有桩径、桩距、桩长、褥垫层、地基承载力特征值 5 个设计参数。

1. 桩径

CFG 桩常采用振动沉管法施工,其桩径根据桩管大小而定,一般为 350~600 mm。

2. 桩距

桩距的选用需要考虑承载力提高幅度要能满足设计要求,且施工方便,桩作用的发挥、场地地质条件及造价等因素,宜取 3~5 倍的桩径。

3. 桩长

桩长应根据设计承载力和变形的要求、土质条件、设备能力等确定,桩端应落在强度相对较高的土层上,最大桩长不宜大于 30 m。

4. 褥垫层

桩顶和基础之间应设置褥垫层,褥垫层厚度宜取 150~300 mm,当桩径大或桩距大时褥垫层厚度宜取大值。褥垫层材料宜用中砂、粗砂、级配砂石或碎石等,最大粒径不宜大于 30 mm。

5. 地基承载力特征值

水泥粉煤灰碎石桩复合地基承载力特征值,应通过现场复合地基载荷试验确定,初步设计时也可按下式估算。

$$f_{\mathrm{spk}} = m \cdot \frac{R_{\mathrm{a}}}{A_{\mathrm{p}}} + \beta(1 - m) \cdot f_{\mathrm{sk}} \tag{9-8}$$

式中 f_{spk}——复合地基承载力特征值,kPa;

m——面积置换率;

R_{a}——单桩竖向承载力特征值,kN;

A_{p}——桩的截面面积,m^2;

β——桩间土承载力折减系数,按地区经验取值,无经验值时可取 0.75~0.95;

f_{sk}——处理后桩间土承载力特征值,kPa,按地区经验取值,无经验值取天然地基承载力特征值。

R_{a} 取值应符合下列规定:

(1)采用单桩载荷试验时,应将单桩竖向极限承载力除以安全系数 2。

(2)无单桩荷载试验资料时,可按下式估算:

$$R_{\mathrm{a}} = U_{\mathrm{p}} \sum_{i=1}^{n} q_{si} - l_i + q_{\mathrm{p}} A_{\mathrm{p}} \tag{9-9}$$

式中 U_{p}——桩的周长;

n——桩长范围内所划分土层数;

q_{si}、q_{p}——桩周第 i 层土的侧阻力、桩端阻力特征值,kPa;

l_i——第 i 层土的厚度。

(四)施工工艺

(1)施工时,桩顶标高宜高出设计桩顶标高不少于 0.5 m。

(2)成桩过程中,抽样做混合料试块,每台机械一天应做一组(3 块)试块(边长为 150

mm 的立方体),标准养护,测定其立方体抗压强度。

(3)冬期施工时混合料入孔温度不得低于 5 ℃,对桩头和桩间土应采取保温措施。

(4)清土和截桩时,不得造成桩顶标高以下桩身断裂和扰动桩间土。

(5)褥垫层铺设宜采用静力压实法,当基础底面下桩间土的含水率较小时,也可采用动力夯实法,夯填度(夯实后的褥垫层厚度与虚铺厚度的比值)不得大于 0.9。

(6)施工垂直度偏差不应大于 1%;对满堂布桩基础,桩位偏差不应大于 0.4 倍桩径;对条形基础,桩位偏差不应大于 0.25 倍桩径;对单排布桩,桩位偏差不应大于 60 mm。

(五)质量检验

(1)施工质量检验主要应检查施工记录、混合料坍落度、桩数、桩位偏差、褥垫层厚度、夯填度和桩体试块抗压强度等。

(2)水泥粉煤灰碎石桩地基竣工验收时,承载力检验应采用复合地基载荷试验。

(3)水泥粉煤灰碎石桩地基检验应在桩身强度满足试验荷载条件时,并宜在施工结束 28 d 后进行。试验数量宜为总桩数的 0.5%~1%,且每个单体工程的试验数量不应少于 3 点。

(4)应抽取不少于总桩数的 10%的桩进行低应变动力试验,检测桩身完整性。

【案例 9-4】 挤密桩法工程

1. 工程概况

某厂拟建一栋培训大楼,该楼平面呈 L 形布局,地上十六层,地下一层(人防用),高度为 58.2 m,建筑面积为 12 000 m^2,采用现浇钢筋混凝土剪力墙结构,柱距 7.0 m,箱形基础,底板埋深 6.2 m。室内地坪较自然地面高约 0.7 m。建筑场地为非自重湿陷性黄土,为消除地基土的湿陷性,并提高其承载力,经分析比较后采用灰土桩挤密法处理地基,取得了满意的技术经济效益。

2. 工程地质条件

建筑场地位于黄河Ⅱ级阶地上,地势平坦,地基土层是典型的二元结构,上部为冲洪积成因的黄土状粉质黏土及粉土,且自然地面以下 11.0 m 范围内地基土的结构强度较低,并具有湿陷性;下部卵石层埋深 22.5~23.0 m,厚度大于 6.0 m。地基土层分布稳定均匀,起伏较小。地下水稳定水位约 20.0 m。各土层的主要物理性质指标列于表 9-7 中。

表 9-7　地基土层主要物理力学性质指标

层序	含水量/%	天然密度/(g/cm^3)	干密度/(g/cm^3)	孔隙比	饱和度/%	液限/%	压缩系数/MPa^{-1}	压缩模量/MPa	锥尖阻力(最大值)/kPa	侧阻力(最大值)/kPa	湿陷系数	层底埋深平均值/m
②黄土状粉质黏土及粉土	24.2	1.57	1.28	1.120	76	27.5	0.52	4.5	1 200	40	0.024	4.0

续表 9-7

层序	含水量/%	天然密度/(g/cm³)	干密度/(g/cm³)	孔隙比	饱和度/%	液限/%	压缩系数/MPa⁻¹	压缩模量/MPa	锥尖阻力(最大值)/kPa	侧阻力(最大值)/kPa	湿陷系数	层底埋深平均值/m
③黄土状粉质黏土及粉土	20.7	1.73	1.43	0.884	69	28	0.19	9.1	2 600	100		5.0
④黄土状粉质黏土及粉土	21.3	1.64	1.36	1.005	67	28.9	0.38	5.6	1 800	70	0.036 3	10.7
⑤黄土状粉质黏土及粉土	20.5	1.79	1.48	0.827	79	30.5	0.14	14.4	1 600	110	0.009 6	16.1
⑥黄土状粉质黏土及粉土	23.9	1.91	1.54	0.774	86	34.8	0.12	13.8	3 500	120		18.3
⑦黄土状粉质黏土及粉土	22.1	1.90	1.55	0.731	81	26.2	0.14	11.9	4 000	140		19.8
⑧黄土状粉质黏土及粉土	27.1	1.93	1.51	0.816	95	31.9	0.18	10.5				21.3
⑨黄土状粉质黏土及粉土	26.2	1.96	1.57	0.719	92	29.1	0.11	15.1				22.7

基础下的主要持力层为④、⑤两土层。其中，第④层黄土状粉质黏土及粉土呈湿、稍湿、可塑状态。该层土具有湿陷性，湿陷等级为Ⅰ级（轻微）非自重湿陷性黄土，承载力标准值 $f_k = 150$ kPa，不能满足建筑结构的要求，必须进行处理。

3. 设计计算

地基基础方案曾设想采用以卵石层为桩端持力层的大直径钻孔灌注桩基础、箱形基础加灌注桩基础(直径 400 mm,桩长 12.0m)和箱基与灰土桩人工复合地基三种方案。经技术经济分析比较后,决定采用第三种方案。

箱形基础下地基承载力设计值不超过 300 kPa,采用灰土桩挤密法整片处理地基,要求处理后复合地基承载力标准值达到 220 kPa。设计桩径 $d=0.4$ m,桩距按公式计算求得 $s=0.90$ m,桩距系数 $s/d=2.25$,按等边三角形布桩,排距 0.78 m,灰土桩的面积置换率 $m=0.179$。按面积加权平均法预计复合地基承载力标准值为 230 kPa。

按穿越全部湿陷性土层和下卧层强度验算要求,同时参考施工机具条件与经验,确定桩长 $L=7.4$ m。处理平面范围超出基础外缘不小于 3.0 m。对于最外围二排桩,为使其能起到防水帷幕作用,其排距缩小 0.2~0.4 m,桩长增加到 8.5 m。预留表面扰动层厚度 0.5 m,灰土桩施工完成后,挖去扰动层,再在灰土桩复合地基上作 0.50 m 厚的 3∶7灰土垫层。桩孔填料采用体积比 3∶7灰土,夯填灰土的压实系数要求不小于 0.95。

4. 施工方法

成孔采用锤击沉管法挤密成孔,由波兰 15 t 履带吊车带动上海产的 2.5 t 导杆式柴油沉桩锤,桩架高 16.0 m。桩管为直径 377 mm 无缝钢管制成,在桩头处加箍至直径 440 mm,长度为 8.50 m,桩头带有活动桩尖,拔管时可透气。桩孔夯填采用夹杆式偏心轮夯实机,夯锤直径 0.28 m,锤重 0.11 t,落距 0.8 m,每分钟击夯次数约 45 击。

现场施工中应进行质量检查。对成孔的质量要求是:桩位误差不大于 5 cm;桩孔垂直度偏差小于 2%;桩孔深度误差不大于 10 cm;每 5 个孔做一次成孔施工记录。夯填质量的要求是:回填用土及石灰均过筛,筛网直径分别为 20 mm 和 5 mm,填料要求拌和均匀,含水率接近最优含水率,夯填灰土的压实系数大于或等于 0.95。

施工前,做了填料所用灰土的室内击实试验,求得其最大干密度($\rho_{dmax}=1.51\sim1.54$ t/m^3)和最优含水率($w_{op}=22\%\sim19.5\%$)。同时在现场专门做了夯填试验,确定施工回填工艺参数为一锤三击,其夯击功能为 628.6 kJ/m^3,高于室内击实试验的标准击实功能。

根据场地情况,成孔采用隔排跳打方式进行,在整体上采用先外后内的施工顺序,即先打最外围的两排加长桩,再进行内部桩的施工。对个别桩孔垂直度偏差较大或桩孔缩颈严重时,采用“复打”方式处理。施工后期由于“复打”缩孔现象较为严重,采用人工削孔并加大夯击能量方式进行处理。

桩孔夯填是施工的关键环节,土料加湿、灰土拌和及桩孔回填均由专人负责,及时检查监督,每个桩孔回填夯实都必须做好记录。本工程是施工地区首次在高层建筑中采用灰土桩挤密法处理地基,故施工中投入了较多的人力,对保证工程质量起了促进作用。

5. 质量检验

1)桩身土质量检验

施工过程中及时取出桩身灰土原状试样,测试其干密度,并计算出压实系数,取样桩孔数为施工桩数的 2%,试验结果表明,90%试样的干密度在 1.45 t/m^3 以上,压实系数超过 0.96,满足了设计要求。此外,还做了桩身灰土的无侧限抗压强度试验,试验结果(见表 9-8)表明,桩身灰土 $f_{cuk}=500\sim1\ 330$ kPa,平均值为 886 kPa。

表 9-8　桩身无侧限抗压强度 f_{cuk}

试验桩号	1			2		3		
取样深度/m	1.0	2.0	3.0	1.0	2.0	1.0	2.0	3.0
f_{cuk}/kPa	1 000	1 330	500	580	1 123	1 090	530	930

2)桩间土挤密效果检验

在地基处理范围内控制性地布置了三个探井，开挖深度 8.0 m，每间隔 1.0 m 取一件原状桩间土样，做土工的常规试验。桩间土挤密前后主要物理力学性质指标的变化情况如表 9-9 所示。

表 9-9　桩间土挤密前后主要物理力学性质指标

层号	指标	w/%	ρ/(g/cm^3)	ρ_d/(g/cm^3)	e	a_{1-2}/MPa^{-1}	E_{s1-2}/MPa	σ_s
4	挤密前	21.30	1.640	1.363	1.005	0.385	5.6	0.036 3
	挤密后	18.64	1.854	1.564	0.731	0.130	13.4	0.001 6
	增减率/%	-12.5	13.05	14.75	-27.3	-66.2	139.3	-95.6
5	挤密前	20.50	1.790	1.485	0.827	0.135	14.4	0.009 6
	挤密后	19.26	1.937	1.624	0.670	0.122	14.9	0.000 9
	增减率/%	-6.05	8.21	9.36	-19.0	-9.6	3.5	-90.6

从表 9-9 中可看出，地基土经灰土桩挤密后，干密度提高了 9.36%~14.75%，其中，第④层土挤密后的干密度达到 1.564 t/m^3；土的孔隙比减少了 19.0%~27.3%；压缩系数降低了 9.6%~66.2%；地基土的湿陷性已全部消除。基底下第④层的物理力学性质改善特别明显，挤密效果符合设计要求。

3)复合地基载荷试验

为确定灰土桩复合地基承载力，在现场进行了三组单桩复合地基载荷试验，压板面积为 0.702 m^2。试验方法按《建筑地基处理技术规范》(JGJ 79—2012)中附录 B 的有关规定进行。

根据载荷试验结果绘制的荷载压力 P 与沉降量 S 的关系曲线，如图 9-11 所示。三组试验的结果分别为：第一组破坏荷载 440 kPa；第二组比例荷载为 260 kPa；第三组取极限荷载为 460 kPa。按《建筑地基处理技术规范》(JGJ 79—2012)确定的复合地基承载力的特征值分别为：第一组 220 kPa；第二组 260 kPa；第三组 230 kPa。三组试验结果的极差未超过平均值的 30%，故可根据规范取三组试验的平均值为灰土桩复合地基承载力特征值，即 f_{spk}=236.7 kPa。

另根据桩体及桩间土的试验结果取灰土桩体的承载力标准值 f_{pk}=600 kPa，桩间挤密土的承载力特征值 f_{sk}=150 kPa，灰土桩的面积置换率 m=0.179，按面积加权平均原则计算复合地基承载力特征值 f_{spk}=230.6 kPa，其结果与载荷试验结果基本一致。

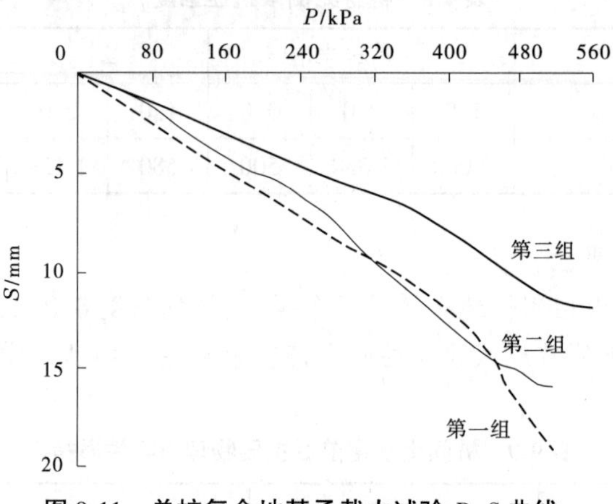

图 9-11　单桩复合地基承载力试验 P-S 曲线

6. 技术经济效果

该项目属甲类高层建筑,位于湿陷性黄土地区。采用灰土桩挤密法整片处理地基,不仅取消了黄土的湿陷性,同时还使第④层土的承载力提高了 1.54 倍,满足了设计要求,该地基处理是成功的。灰土挤密法处理地基比桩基处理费用可节约一半左右,且施工简便,缩短工期。

任务六　化学加固法

化学加固法多用于处理湿陷事故。利用动力设备把化学溶液注入地基土中,通过化学反应生成胶凝物质或使土颗粒表面活化,在接触处胶结固化,以增强土颗粒间的联结,提高土体的力学强度的方法称为化学加固法。常用的加固方法有硅化加固法、碱液加固法、电化学加固法、高分子化学加固法和灌浆法。

一、硅化加固法

通过打入带孔的金属灌注管,在一定的压力下,将硅酸钠(又称水玻璃)溶液注入土中,或将硅酸钠及氯化钙两种溶液先后分别注入土中。前者称为单液硅化,后者称为双液硅化。

单液硅化适用于加固渗透系数为 0.1~2.0 m/d 的湿陷性黄土和渗透系数为 0.3~5.0 m/d 的粉砂。加固湿陷性黄土时,溶液由浓度为 10%~15%的硅酸钠溶液掺入 2.5%氯化钠组成。溶液入土后,钠离子与土中水溶性盐类中的钙离子产生离子交换的化学反应,在土粒间及其表面形成硅酸凝胶,可以使黄土的无侧限抗压强度达到 0.6~0.8 MPa。加固粉砂时,在浓度较低的硅酸钠溶液内(相对密度为 1.18~1.20)加入一定数量相对密度为 1.02 的磷酸,搅拌均匀后注入,经化学反应后,其无侧限抗压强度可达 0.4~0.5 MPa。

双液硅化适用于加固渗透系数为 2~8 m/d 的砂性土;或用于防渗止水,形成不透水的帷幕。硅酸钠溶液的相对密度为 1.35~1.44,氯化钙溶液的相对密度为 1.26~1.28。

两种溶液与土接触后,除产生一般化学反应外,主要产生胶质化学反应,生成硅胶和氢氧化钙。在附属反应中,其生成物也能增强土颗粒间的联结,并具有填充孔隙的作用。砂性土加固后的无侧限抗压强度可达 1.5~6.0 MPa。

硅化法可达到的加固半径与土的渗透系数、灌注压力、灌注时间和溶液的黏滞度等有关,一般为 0.4~0.7 m,可通过单孔灌注试验确定。各灌注孔在平面上宜按等边三角形的顶点布置,其孔距可采用加固土半径的 1.7 倍。加固深度可根据土质情况和建筑物的要求确定,一般为 4~5 m。

硅酸钠的模数值通常为 2.6~3.3,不溶于水的杂质含量不超过 2%。此法需耗用硅酸钠或氯化钙等工业原料,成本较高。其优点是能很快地抑制地基的变形,土的强度也有很大提高,对现有建筑物地基的加固特别适用。但是,对已渗有石油产品、树胶和油类及地下水 pH 值大于 9 的地基土,不宜采用硅化法加固。

二、碱液加固法

碱液对土的加固作用不同于其他的化学加固方法,它不是从溶液本身析出胶凝物质,而是碱液与土发生化学反应后,使土颗粒表面活化,自行胶结,从而增强土的力学强度及其水稳定性。为了促进反应过程,可将溶液温度升高至 80~100 ℃再注入土中。加固湿陷性黄土地基时,一般使溶液通过灌注孔自行渗入土中。黄土中的钙、镁离子含量较高,采用单液即能获得较好的加固效果。

三、电化学加固法

在地基土中打入一定数量的金属电极杆,通过电极导入直流电流,使水分从阴极排走,从而使土固结。用电化学法加固地基时,主要发生三个过程:

(1)电渗,电渗后土大量脱水并固结。

(2)离子交换作用,交换时吸附的钠、钙被氢及铝代替。

(3)结构形成过程,由铝胶形成土粒结构,也可采用电流和化学溶液配合的方法使土加固,即化学溶液通过带孔的灌注管网注入土中,通电后溶液随着水的运动由阳极向阴极扩散,提高加固效果。

电化学法一般用于加固渗透系数小于 0.1 m/d 的淤泥质地基。但此法昂贵,需由专门的设备做试验,确认有效后才采用。

四、高分子化学加固法

将高分子化学溶液压入土中进行地基处理的一种方法。它适用于砂类土地基加固、帷幕灌浆,以及地下工程的止水堵漏;对坝基工程的泥化夹层与断层破碎带的加固亦有成效,如将氰凝灌入砂土后的抗压强度可达 10.0 MPa。

用于地基加固的高分子材料品种较多,有脲醛树脂、丙烯酰胺类(也称丙凝)、聚氨酯类(也称聚氨基甲酸酯或氰凝)等,其中以聚氨酯类比较好。20 世纪 60 年代末,日本首先研制的 TACSS 灌浆材料和中国在 70 年代初研制成的氰凝,都是以过量的异氰酸酯与聚醚反应而得,称为预聚体。预聚体含有一定量的游离异氰酸基(-NCO),能与水反应,当浆液灌入土中时,-NCO 基遇水后在催化剂作用下,进一步聚合和交联,反应物的黏度逐渐增大而凝固,生成不溶于水的高分子聚合物,达到加固地基的目的。

氰凝灌浆的特点是:遇水反应后,由于水是反应的组成部分,因此浆液被水冲淡或流失的可能性较小;而且在遇水反应过程中放出的二氧化碳气体使浆液发生膨胀,向四周渗透扩散,又扩大了加固范围。高分子材料价格昂贵,限制了它的使用。有剧毒,施工中应有防毒措施,并应考虑对环境污染的问题。

五、灌浆法

灌浆法指利用液压、气压或电化学原理,通过注浆管把浆液均匀地注入地层中,浆液通过填充、渗透和挤密等方式,赶走土体颗粒间或岩石裂隙中的水气后占据其位置,硬化后形成一个结构新、强度大、防水性能高和化学稳定性良好的结石体。

灌浆法有以下几种分类:

(1)渗透灌浆。是指在压力作用下,使浆液充填于土的孔隙和岩石裂隙中,将孔隙中存在的自由水和气体排挤出去,而基本上不改变原状土的结构和体积,所用灌浆压力相对较小,这类灌浆一般只适用于中砂以上的砂性土和有裂隙的岩石。对砂性土的灌浆处理大都属于这种机制。

(2)充填灌浆。是指用于地基土内的大孔隙、大空洞的灌浆。如卵石、碎石、卵砾层及隧道回填灌浆都属于这类灌浆。

(3)挤密灌浆。是指用较高的压力灌入浓度较大的水泥浆或水泥砂浆,使黏性土体变形后在灌浆管端部附近形成“浆泡”,由浆泡挤压土体,并向上传递反压力,从而使地层上抬,硬化的浆液混合物是一个坚固的压缩性很小的球体。挤密灌浆法可用于非饱和土体和含有孔隙的松散土。

(4)劈裂灌浆。是指在压力作用下,浆液克服地层的初始应力和抗拉强度,引起岩石和土体结构的破坏和扰动,使地层中原有的裂隙和孔隙张开,形成新的裂隙和孔隙,促使浆液的可灌性和扩散距离增大,故所用灌浆压力较高。

(5)电动化学灌浆。指在施工时将带孔的注浆管作为阳极,用滤水管作为阴极,将溶液由阳极压入土中,并通以直流电(两电极间电压梯度一般采用0.3~1.0 V/cm),在电渗作用下,孔隙水由阳极流向阴极,促使通电区域中土的含水率降低,并形成渗浆通路,化学浆液也随之流入土的孔隙中,并在土中硬结。

思考题

1. 什么是软弱地基?各类软弱地基有哪些共同特点?又有何区别?
2. 地基基础容易出现哪几方面的问题?
3. 对软弱地基处理的目的是什么?
4. 什么是土的最优含水率?其大小如何测定?工程中有何用途?
5. 换填垫层法的作用是什么?如何确定垫层的厚度与宽度?
6. 预压法适合处理哪类土?其方法和原理是什么?

7. 挤密法有哪几种？

习　题

1. 某墙下采用条形基础埋深 1.2 m，基础宽度 1.3 m，作用在基础顶面的轴心荷载为 $F_k = 200$ kN/m，地基土表层为杂填土，厚度为 1.2 m，重度为 17 kN/m^3，地基承载力特征值 $f_{ak} = 70$ kPa。试求：

(1) 验算地基承载力是否满足要求；

(2) 若地基承载力不满足要求，采用砂垫层（砂垫层的承载力 $f_{ak} = 180$ kPa），试确定砂垫层的厚度和底面宽度。

附 录 土的力学性质试验

试验一 固结试验

一、目的

测定土的单位沉降量、压缩系数、压缩模量、压缩指数、回弹指数，绘孔隙比与压力关系曲线。

附码 1 固结试验

二、方法及适用范围

(1)单轴固结仪法：适用于饱和黏质土，当只进行压缩时，允许用非饱和土。

(2)快速试验法：适用于测定饱和黏质土的各项土性指标。

三、原理

固结试验是研究土体一维变形特性的测试方法，即试样在没有侧向变形的固结容器内，测其在不同垂直压力下的压缩变形。

四、仪器(单轴固结仪法，且只进行压缩)

(1)固结仪(见附图 1)：杠杆比 1∶10，试样面积 50 cm^2，高 20 mm。

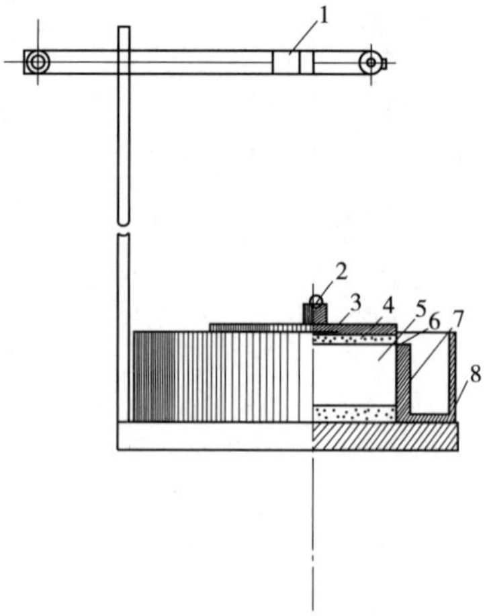

1—量表架；2—钢珠；3—加压上盖；4—透水石；5—试样；6—环刀；7—护环；8—水槽。

附图 1 固结仪

(2)环刀:直径 79.8 mm。

(3)百分表:量程 10 mm,最小分度值 0.01 mm。

(4)天平、秒表、刮土刀、烘箱、称量盒及试样成型设备。

五、步骤

(1)试样制备,按工程需要切取原状土,或制备所需湿度、密度的扰动土样。切取原状土时,应使试样在试验时的受压情况与天然土样受荷方向一致。扰动土样应先过 2 mm 筛后,再制备。

(2)称取环刀质量,将土样削成略大于环刀直径的土柱,用手轻轻下压,边压边削,使土样充满环刀,用刮土刀削平两端。注意不得反复涂抹土面,以防破坏其孔隙比。切削过程中细心观察土样层次、颜色和有无杂质。

(3)擦净环刀外壁,称环刀与土的总质量,测土样湿密度。取环刀两侧修下的土样测含水率。

(4)在切好土样的环刀外壁,涂一薄层凡士林,刀口向下放入护环内。

(5)在压缩容器底板上放透水石,将环刀加土样及护环放入容器内,土样上覆透水石,然后放下加压框架和传压活塞,使各部分密合、平稳。

(6)松开支座,加上加压框架,并使量表的读数不小于 8 mm,预加 1.0 kPa 的压力,使各部分紧密接触,调表读数为零。

(7)去掉预压荷载,立即加第一级荷载,加载时避免冲击和摇晃,加载同时开动秒表。荷载等级一般为 50 kPa、100 kPa、200 kPa、300 kPa、400 kPa,见附表 1。

附表 1　固结试验加载表

荷载/kPa	放不同质量砝码的个数				
	0.312 5 g	0.625 g	1.250 g	2.500 g	5.000 g
50	2	1	1		
100	2	1	1	1	
200	2	1	1	3	
300	2	1	1	3	1
400	2	1	1	3	2

注:该试验土样面积为 50 cm^2、杠杆比为 1∶10。

(8)施加第一级荷载后,因为是非饱和试样,以湿棉纱围住上下透水面,避免水分蒸发。

(9)施加每级压力后 24 h,测记试样高度变化,即读百分表读数一次,精确到 0.01 mm。

(10)试验结束后,卸下砝码,拆除仪器,退出环刀,取出土样,并将仪器擦洗干净,杠杆用螺钉顶住。

六、结果整理

(1)计算试样开始时的孔隙比 e_0:

$$e_0 = \frac{\rho_s(1 + 0.01w)}{\rho_0} - 1$$

式中 ρ_s——土粒密度,g/cm³;

w——开始时试样含水率(%);

ρ_0——开始时试样密度,g/cm³。

(2)计算单位沉降量:

$$S_i = \frac{\sum \Delta h_i}{h_0} \times 1\ 000$$

式中 $\sum \Delta h_i$——某一级荷载下试样的总变形量,即百分表读数减去该荷载下的仪器变形量,mm;

h_0——试样起始高度,mm。

(3)计算各级荷载变形后的孔隙比 e_i:

$$e_i = e_0 - (1 + e_0) \cdot \frac{\sum \Delta h_i}{h_0}$$

(4)计算某一荷载范围的压缩系数 a 及压缩模量 E_S。

$$a_{i-(i+1)} = \frac{e_i - e_{i+1}}{p_{i+1} - p_i}, \quad E_{Si-(i+1)} = \frac{1 + e_i}{a_{i-(i+1)}}$$

式中 p_i——某一荷载值,kPa;

$a_{i-(i+1)}$——压力 p_i 至 p_{i+1} 间的压缩系数,1/kPa;

$E_{si-(i+1)}$——相应范围内的压缩模量,kPa。

(5)绘 e-p 曲线,以压力 p 为横坐标,孔隙比 e 为纵坐标,将每级压力下的孔隙比点绘在坐标纸上,将各点连成一光滑的曲线(见附图 2)。

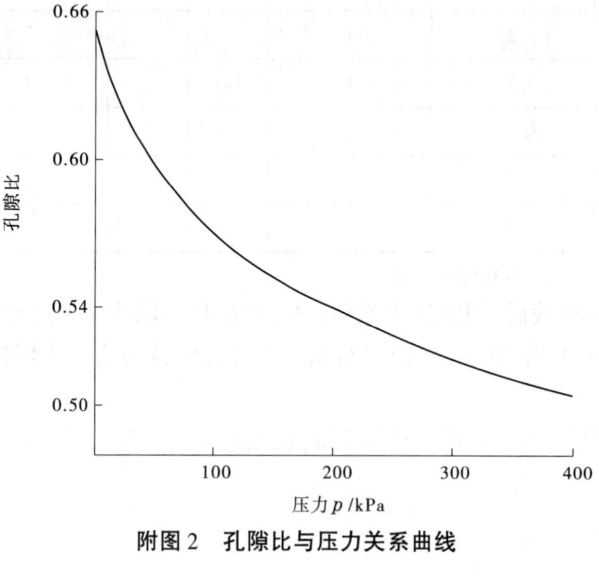

附图 2　孔隙比与压力关系曲线

七、注意事项

(1)施加砝码时,必须轻放,切忌冲击,砝码开口应互相错开,避免倒下伤人及影响试验结果。

(2)若框架下横梁发现有卡死现象,可用手或木块敲击横梁端部,使放松。

(3)不准随意转动平衡锤,破坏杠杆平衡。

八、试验记录表

各部分试验记录表分别见附表 2~附表 4。

附表 2　密度试验记录表

环刀质量/g	环刀+土质量/g	土质量/g	试样体积/cm^3	密度/(g/cm^3)
54.28	247.45	193.17	100	1.93

附表 3　含水率试验记录表

盒号	盒质量/g	盒+湿土质量/g	盒+干土质量/g	水分质量/g	干土质量/g	含水率/%	平均含水率/%
194	14.23	33.86	30.81	3.05	16.58	18.40	18.38
40	15.32	31.95	29.37	2.58	14.05	18.36	

附表 4　固结试验记录表

仪器编号 <u>062</u>　　试样原始高度 <u>20 mm</u>　　土粒密度 <u>2.7 g/cm^3</u>

试样开始含水率 <u>18.38%</u>　　密度 <u>1.93 g/cm^3</u>　　初始孔隙比 <u>0.657</u>

压力/kPa	50	100	200	300	400
总变形量/mm	0.817	1.068	1.415	1.651	1.868
仪器变形量/mm	0.019	0.025	0.031	0.036	0.042
试样总变形量/mm	0.798	1.043	1.384	1.615	1.826
单位沉降量/(mm/m)	39.90	52.15	69.20	80.75	91.30
孔隙比	0.591	0.570	0.542	0.523	0.506

压力 100~200 kPa 范围内的压缩系数 $a_{1\,2}=0.28\ MPa^{-1}$

压缩模量 $E_{s1-2}=5.6$ MPa

试验二　直接剪切试验

一、目的

测定土的抗剪强度,即内摩擦角和黏聚力。

附码 2　直接剪切试验

二、方法及适用范围

黏质土的慢剪试验:适用于测定黏质土的抗剪强度指标。

黏质土的固结快剪试验:适用于渗透系数小于 10^{-6} cm/s 的黏质土。

黏质土的快剪试验:适用于渗透系数小于 10^{-6} cm/s 的黏质土。

砂类土的直剪试验:适用于砂类土。

三、原理

一般同一种土,切取不少于 4 个试样,在不同的垂直压力下,施加水平剪切力,求取破坏时的剪切力。根据库仑定律,确定土的内摩擦角 φ 和黏聚力 c。

四、仪器

(1)应变控制式直剪仪:由剪力盒、垂直加荷设备、剪切转动装置、测力计和位移量测系统组成(见附图 3)。

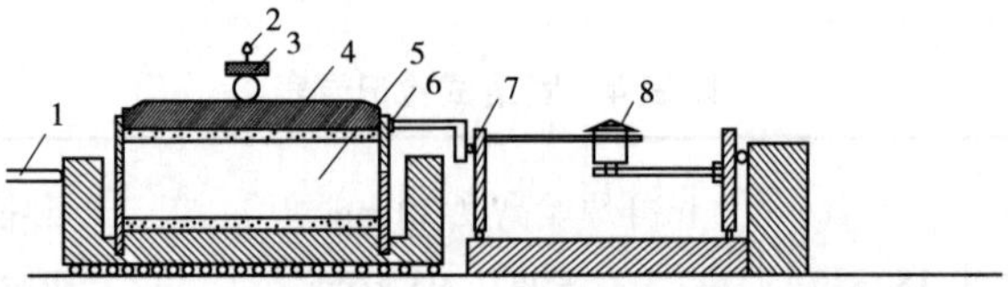

1—推动座;2—垂直位移百分表;3—垂直加荷框架;4—活塞;5—试样;6—剪切盒;7—测力计;8—测力百分表。

附图 3　应变控制式直剪仪

(2)环刀:内径 61.8 mm,高 20 mm;百分表:量程 10 mm,分度值 0.01 mm;修土刀;扰动土成型设备等。

五、步骤

(一)黏质土的快剪试验

(1)土样制备同固结试验第一步,但至少需要 4 个试样。

(2)制备略大于环刀直径的土柱,用手轻轻将环刀垂直下压,边压边削,使土样充满环刀,用修土刀削平两端。若有空洞可用余土填补。

(3)对准剪切容器上、下盒,插入固定销,在下盒放透水石和滤纸各一个,将带有土样的环刀刃向上,对准剪切盒口,在试样上放滤纸和透水石各一个,将试样小心推入剪切盒内,移去环刀。

(4)转动手轮,移动传动装置,使上盒前端的钢珠刚好与测力计接触。依次加上传压盖板,加压框架,放开杠杆搭扣,检查杠杆是否水平,测记百分表读数。

(5)施加垂直压力,可按 50 kPa、100 kPa、200 kPa、300 kPa、400 kPa 施加,每级荷载按垂直压力依次将砝码轻轻加上,防止冲击,见附表 5。

附表 5　垂直荷载加载表

小砝码重 1.5 kg;大砝码重 3.0 kg

垂直荷载/kPa	50	100		200			300			400		
砝码名称	称盘	称盘	小砝码	称盘	小砝码	大砝码	称盘	小砝码	大砝码	称盘	小砝码	大砝码
砝码数	1	1	1	1	1	1	1	1	2	1	1	3

(6)拔去固定销,开动秒表,均匀转动手轮,以 0.8 mm/min 的速度进行剪切。手轮每转一转,能使土样产生 0.2 mm 的变形。

(7)当测力计百分读数不变或后退时,继续剪切至剪切位移 4 mm 时停止,记下破坏值。当剪切过程中测力计百分表无峰值时,剪切到剪切位移 6 mm 时停止。

(8)剪切结束后,退掉剪切力和垂直压力,抬起杠杆,挂上搭扣,移动压力框架,取出试样,擦净仪器。按第(2)~(7)步进行下一级荷载试验。

(二)砂土的快剪试验

(1)用天平称取烘干的细砂 90~100 g。

(2)对准剪切容器上、下盒,插入固定销,在下盒放透水石和滤纸各一个,将土样放入剪力盒,用木塞压匀、压平,在试样上放透水石。加上加压活塞。

(3)以下步骤同黏质土的快剪试验的第(4)~(8)步。

六、结果整理

(1)计算各级压力下的抗剪强度。

(2)以压力 p 为横坐标,抗剪强度为纵坐标,将每一试样的最大抗剪强度点绘在坐标纸上,并连成一直线(见附图 4)。此直线的倾角为内摩擦角,纵坐标上的截距为黏聚力 c。

七、注意事项

(1)试验开始前,调杠杆水平。开始剪切时,拔去剪切盒上的固定销,否则试验作废,且容易损坏仪器。

(2)垂直压力越大,抗剪强度越大,当场检查。如不对,重新取样检查。

(3)试验所用的几个试样,要求密度、含水率近似相同,否则对试验结果影响较大。

(4)为了使直线倾角 φ 更直观,绘抗剪强度与垂直压力关系图时,纵、横坐标单位长度一致。

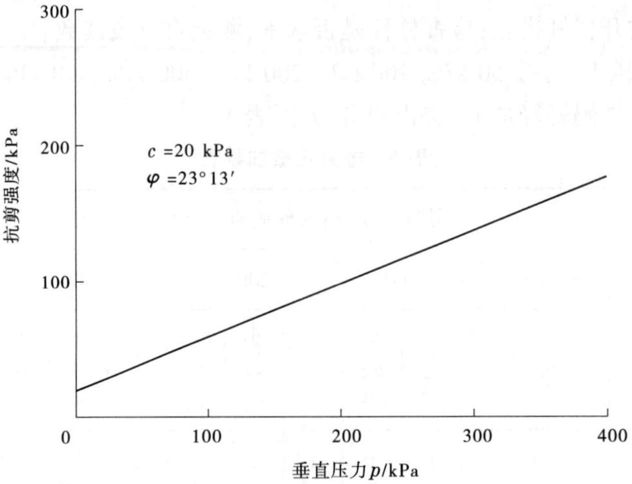

附图 4　抗剪强度与垂直压力关系

八、试验记录表

试验记录表见附表 6。

附表 6　试验记录表

仪器编号:85146　测力计校正系数 $c=2.46$ kPa/0.01 mm				
垂直压力/kPa	100	200	300	400
百分表读数/0.01 mm	23	40	58	68
抗剪强度/kPa	56.58	98.40	142.68	167.28

试验三　击实试验

一、目的

确定土的最佳含水率及相应的最大干密度,了解土的压实性能,作为工地地基压实控制的依据。

二、方法及适用范围

本试验分中型击实和轻型击实。小试筒适用于粒径不大于 20 mm 的土,大试筒适用于粒径不大于 40 mm 的土。

附码 3　击实试验

三、仪器

(1)标准击实仪:见附图 5、附图 6。

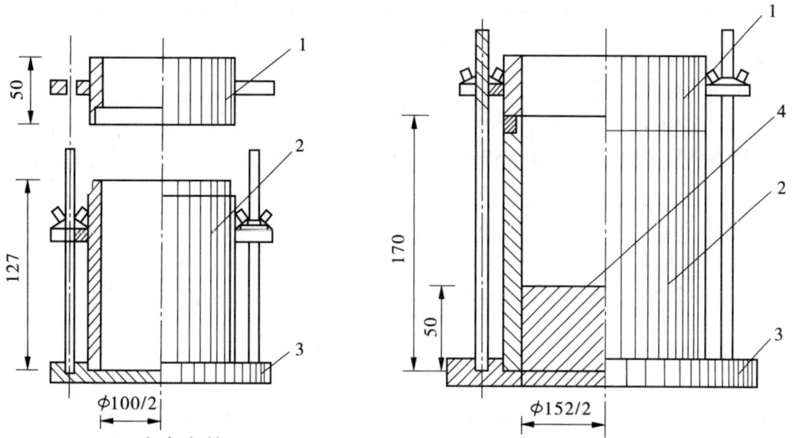

(a)小击实筒　　(b)大击实筒

1—套筒;2—击实筒;3—底板;4—垫板。

附图5　击实筒　(单位:mm)

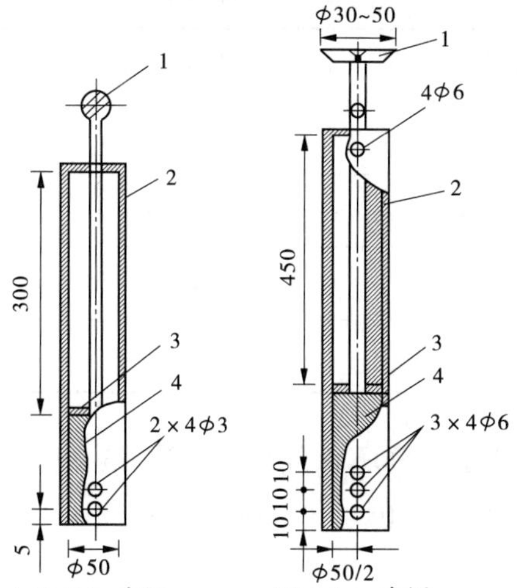

(a)2.5 kg击锤,落高30 cm　　(b)4.5 kg击锤,落高45 cm

1—提手;2—导筒;3—橡皮垫;4—击锤。

附图6　击实和导筒　(单位:mm)

(2)天平:称量500 g,感量0.01 g;称量10 kg,感量1 g。

(3)圆孔筛:孔径为40 mm、20 mm、5 mm各1个。

(4)方盘、土铲、喷水设备、碾土器、量筒、脱模器、称量盒、烘箱、修土刀等。

四、步骤

(1)根据工程要求,按击实试验方法种类选择试验方法(见附表7),并根据土的性质选择干土法或湿土法。

附表 7 击实试验方法种类

试验方法	类别	锤底直径/mm	锤质量/kg	落高/cm	试筒尺寸			层数	每层击数/次	最大粒径/mm
					内径/cm	高/cm	容积/cm^3			
轻型法	1	5	2.5	30	10	12.7	997	3	27	20
	2	5	2.5	30	15.2	12	2 177	3	59	40
重型法	1	5	4.5	45	10	12.7	997	5	27	20
	2	5	4.5	45	15.2	12	2 177	3	98	40

(2)将具有代表性的风干土放在橡皮板上,用木棒碾散,视粒径大小过不同孔径的筛,用四分法按附表 8 取筛下试样。

附表 8 试样用量

使用方法	类别	试筒内径/cm	最大粒径/mm	试料用量
干土法试样不重复使用	b	10	至 20	至少 5 个试样,每个 3 kg
		15.2	至 40	至少 5 个试样,每个 6 kg
湿土法试样不重复使用	c	10	至 20	至少 5 个试样,每个 3 kg
		15.2	至 40	至少 5 个试样,每个 6 kg

这里介绍重型 1 法,干土法土样不重复使用。取 15 kg 筛下试样,喷洒适当的水,使试样具有一定的含水率,充分拌和,闷一夜备用。

(3)称击实筒及称量盒质量。

(4)取 3 kg 土样。

(5)将击实筒及底板放在坚硬的地面上,将取得的土样分 5 次倒入筒内,每次 400~500 g,其量应使击实后的试样等于或高于筒高的 1/5,每次装入土样后整平,表面稍加压紧,击实 27 次,并保证落距 45 cm,锤自由垂直下落,锤迹均匀分布在土样表面。

(6)第一层土击完后,试样表面拉毛,装上套筒,进行其余几层土击实,使击实后的试样不高出筒顶面 5 mm。

(7)用修土刀沿套筒壁削刮,使试样与套筒脱离,扭动并取下套筒,齐筒顶细心削平试样,拆除底板。擦净筒外壁,称击实筒和土质量。

(8)用脱模器推出筒内试样,从试样中心处取样测含水率,测定允许平行差,见附表 9。

附表 9 测定含水率用试样的数量

最大粒径/mm	试样质量/g	个数
<5	约 100	2
约 5	约 200	1
约 20	约 400	1
约 40	约 800	1

(9)再取 3 kg 土样,洒水,拌和。每次增加 2%~3%的含水率,重复第(5)~(8)步。所需加水量按下式计算:

$$m_w = \frac{m_1}{1 + 0.01w_1} \times 0.01(w - w_1)$$

式中 m_1——含水率 w_1 时土样质量,g;

w_1——土样原有含水率(%);

w——要求达到的含水率(%)。

(10)重复上述步骤,直至筒与土的质量不再增加,并出现第二次下降为止,以保证其中有两个大于和两个小于最佳含水率的试样。

五、结果整理

(1)计算湿密度 ρ/(g/cm³):

$$\rho = \frac{m_2 - m_1}{V}$$

式中 m_1——击实筒质量,g;

m_2——击实筒+土质量,g;

V——击实筒容积,取 997 cm³。

(2)计算干密度:

$$\rho_d = \frac{\rho}{1 + w}$$

式中 ρ——土的湿密度,g/cm³;

w——土的含水率(%)。

(3)以干密度 ρ_d 为纵坐标,以含水率 w 为横坐标,将不同含水率下对应的干密度点绘在坐标纸上,把各点依次连成一光滑的曲线。曲线上峰值点的纵、横坐标分别为所要测的最大干密度和最佳含水率。若曲线不能绘出明显的峰值点,应进行补点或重做,见附图 7。

试验记录表见附表 10。

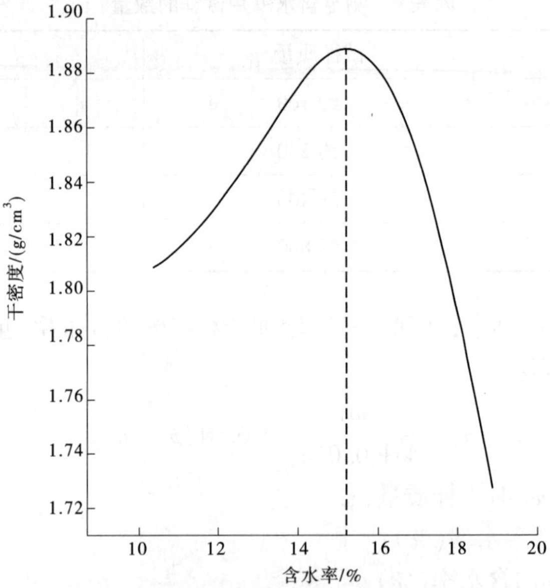

附图 7　干密度与含水率的关系图

续附表 10　击实试验记录

筒容积 997 cm^3　　击锤质量 4.5 kg　　落距 45 cm

每层击数 27 次　　最大粒径 5 mm

试验次数		1	2	3	4	5
干密度/(g/cm^3)	筒质量/g	2 522	2 522	2 522	2 522	2 522
	筒+湿土质量/g	4 540	4 643	4 693	4 659	4 592
	湿土质量/g	2 018	2 121	2 171	2 137	2 070
	湿密度/(g/cm^3)	2.02	2.13	2.18	2.14	2.08
	干密度/(g/cm^3)	1.82	1.88	1.89	1.82	1.74

续附表 10

试验次数		1		2		3		4		5	
含水率/%	盒号	146	75	78	94	54	130	66	129	123	148
	盒质量/g	15. 16	14. 92	15. 21	14. 53	15. 35	14. 02	14. 77	14. 36	14. 63	15. 17
	(盒+湿土质量)/g	42. 77	39. 12	44. 53	37. 63	32. 30	30. 91	32. 61	35. 42	30. 21	38. 07
	盒+干土质量/g	40. 01	36. 69	41. 01	34. 93	30. 05	28. 66	29. 97	32. 32	27. 74	34. 34
	水分质量/g	2. 76	2. 43	3. 42	2. 70	2. 25	2. 25	2. 64	3. 10	2. 47	3. 73
	干土质量/g	24. 85	21. 77	25. 80	20. 40	14. 70	14. 64	15. 20	17. 96	13. 11	19. 17
	含水率/%	11. 11	11. 16	13. 20	13. 24	15. 31	15. 37	17. 37	17. 26	18. 84	19. 46
	平均含水率/%	11. 1		13. 2		15. 3		17. 3		19. 2	
最佳含水率 $w_{op}=15.3\%$　最大干密度 $\rho_d=1.89\ g/cm^3$											

注:当试样中有大于 40 mm 颗粒时,应先取出,求得其百分率,把小于 40 mm 部分做击实试验,并对最大干密度和最佳含水率利用公式进行校正。

参考文献

[1] 陈希哲. 土力学地基基础[M]. 北京:清华大学出版社,2003.
[2] 江见鲸,陈希哲,崔京浩. 建筑工程事故处理与预防[M]. 北京:中国建材工业出版社,1995.
[3] 刘晓立. 土力学与地基基础[M]. 2 版. 北京:科学出版社,2003.
[4] 杨小平. 土力学[M]. 广州:华南理工大学出版社,2001.
[5] 钱家欢. 土力学[M]. 2 版. 南京:河海大学出版社,1995.
[6] 杨进良. 土力学[M]. 2 版. 北京:中国水利水电出版社,2002.
[7] 邵政胜 . 土力学与地基基础[M]. 哈尔滨:哈尔滨工业大学出版社,2014.
[8] 陈仲颐. 土力学[M]. 北京:清华大学出版社,1994.
[9] 赵明华. 土力学与基础工程[M]. 武汉:武汉大学出版社,2000.
[10] 曾庆军,梁景章. 土力学与地基基础[M]. 北京:清华大学出版社,2006.
[11] 周东久. 土力学与地基基础[M]. 北京:人民交通出版社,2005.
[12] 刘映翀. 土力学与地基基础[M]. 北京:中国建筑工业出版社,2007.
[13] 丰培洁. 土力学与地基基础[M]. 北京:人民交通出版社,2008.
[14] 孔军. 土力学与地基基础[M]. 北京:中国电力出版社,2008.
[15] 高大钊. 土力学与基础工程[M]. 北京:中国建筑工业出版社,1998.
[16] 王杰. 土力学与基础工程[M]. 北京:中国建筑工业出版社,2003.
[17] 何世玲. 土力学与地基基础[M]. 北京:化学工业出版社,2004.
[18] 高大钊,袁聚云. 土质学与土力学[M]. 北京:人民交通出版社,2001.
[19] 孟祥波,朱建德. 土质学与土力学[M]. 北京:人民交通出版社,2004.
[20] 李谨亮. 地质与土质[M]. 北京:人民交通出版社,1995.
[21] 熊晓云. 土力学与地基基础[M]. 北京:地质出版社,2010.
[22] 齐善忠,颜彩飞. 地基处理[M]. 武汉:武汉理工大学出版社,2013.
[23] 惠渊峰,田芳. 土力学与地基基础[M]. 武汉:武汉理工大学出版社,2012.
[24] 邵政胜. 地基与基础[M]. 武汉:武汉理工大学出版社,2011.
[25] 洪毓康. 土质学与土力学[M]. 北京:人民交通出版社,2002.
[26] 李晶. 土力学与地基基础[M]. 郑州:黄河水利出版社,2011.
[27] 中华人民共和国住房和城乡建设部. 建筑地基基础设计规范:GB 50007—2011[S]. 北京:中国计划出版社,2012.
[28] 中华人民共和国交通运输部. 公路工程技术标准:JTJ B01—2014[S]. 北京:人民交通出版社,2015.
[29] 中华人民共和国交通运输部. 公路软土地基路堤设计与施工技术细则:JTG/T D31-02—2013[S]. 北京:人民交通出版社,2013.
[30] 中华人民共和国交通运输部. 公路土工试验规程:JTG 3430—2020[S]. 北京:人民交通出版社,2021.
[31] 中华人民共和国交通运输部. 公路桥涵地基与基础设计规范:JTG 3363—2019[S]. 北京:人民交通出版社,2020.